上海市职业教育"十四五"规划教材

世界技能大赛项目转化系列教材

园 艺

Landscape Gardening

主 编◎李双全　褚伟良

上海教育出版社

SHANGHAI EDUCATIONAL
PUBLISHING HOUSE

世界技能大赛项目转化系列教材
编委会

主　任：毛丽娟　张　岚

副主任：马建超　杨武星　纪明泽　孙兴旺

委　员：（以姓氏笔画为序）

马　骏　卞建鸿　朱建柳　沈　勤　张伟罡

陈　斌　林明晖　周　健　周卫民　赵　坚

徐　辉　唐红梅　黄　蕾　谭移民

序

世界技能大赛是世界上规模最大、影响力最为广泛的国际性职业技能竞赛，它由世界技能组织主办，以促进世界范围的技能发展为宗旨，代表职业技能发展的世界先进水平，被誉为"世界技能奥林匹克"。随着各国对技能人才的高度重视和赛事影响不断扩大，世界技能大赛的参赛人数、参赛国和地区数量、比赛项目等都逐届增加，特别是进入21世纪以来，增幅更加明显，到第45届世界技能大赛赛项已增加到六大领域56个项目。目前，世界技能大赛已成为世界各国和地区展示职业技能水平、交流技能训练经验、开展职业教育与培训合作的重要国际平台。

习近平总书记对全国职业教育工作作出重要指示，强调加快构建现代职业教育体系，培养更多高素质技术技能人才、能工巧匠、大国工匠。技能是强国之基、立国之本。为了贯彻落实习近平总书记对职业教育工作的重要指示精神，大力弘扬工匠精神，加快培养高素质技术技能人才，上海市教育委员会、上海市人力资源和社会保障局经过研究决定，选取移动机器人等13个世赛项目，组建校企联合编写团队，编写体现世赛先进理念和要求的教材（以下简称"世赛转化教材"），作为职业院校专业教学的拓展或补充教材。

世赛转化教材是上海职业教育主动对接国际先进水平的重要举措，是落实"岗课赛证"综合育人、以赛促教、以赛促学的有益探索。上海市教育委员会教学研究室成立了世赛转化教材研究团队，由谭移民老师负责教材总体设计和协调工作，在教材编写理念、转化路径、教材结构和呈现形式等方面，努力创新，较好体现了世赛转化教材应有的特点。世赛转化教材编写过程中，各编写组遵循以下两条原则。

原则一，借鉴世赛先进理念，融入世赛先进标准。一项大型赛事，特别是世界技能大赛这样的国际性赛事，无疑有许多先进的东西值得学习借鉴。把世赛项目转化为教材，不是简单照搬世赛的内容，而是要结合我国行业发展和职业院校教学实际，合理吸收，更好地服务于技术技能型人才培养。梳理、分析世界技能大赛相关赛项技术文件，弄清楚哪些是值得学习借鉴的，哪些是可以转化到教材中的，这是世赛转化教材编写的前提。每个世赛项目都体现出较强的综合性，且反映了真实工作情景中的典型任务要求，注重考查参赛选手运用知识解决实际问题的综合职业能力和必备的职业素养，其中相关技能标准、规范具有广泛的代表性和先进性。世赛转化教材编写团队在这方面都做了大量的前期工作，梳理出符合我国国情、值得职业院校学生学习借鉴的内容，以此作为世赛转化教材编写的重要依据。

原则二，遵循职业教育教学规律，体现技能形成特点。教材是师生开展教学活动的主要参考材料，教材内容体系与内容组织方式要符合教学规律。每个世赛项目有一套完整的比赛文件，它是按比赛要求与流程制定的，其设置的模块和任务不适合照搬到教材中。为了便于学生学习和掌握，在教材转化过程中，须按照职业院校专业教学规律，特别是技能形成的规律与特点，对梳理出来的世赛先进技能标准与规范进行分解，形成一个从易到难、从简单到综合的结构化技能阶梯，即职业技能的"学程化"。然后根据技能学习的需要，选取必需的理论知识，设计典型情景任务，让学生在完成任务的过程中做中学。

编写世赛转化教材也是上海职业教育积极推进"三教"改革的一次有益尝试。教材是落实立德树人、弘扬工匠精神、实现技术技能型人才培养目标的重要载体，教材改革是当前职业教育改革的重点领域，各编写组以世赛转化教材编写为契机，遵循职业教育教材改革规律，在职业教育教材编写理念、内容体系、单元结构和呈现形式等方面，进行了有益探索，主要体现在以下几方面。

1. 强化教材育人功能

在将世赛技能标准与规范转化为教材的过程中，坚持以习近平新时代中国特色社会主义思想为指导，牢牢把准教材的政治立场、政治方向，把握正确的价值导向。教材编写需要选取大量的素材，如典型任务与案例、材料与设备、软件与平台，以及与之相关的资讯、图片、视频等，选取教材素材时，坚定"四个自信"，明确规定各教材编写组，要从相关行业企业中选取典型的鲜活素材，体现我国新发展阶段经济社会高质量发展的成果，并结合具体内容，弘扬精益求精的工匠精神和劳模精神，有机融入中华优秀传统文化的元素。

2. 突出以学为中心的教材结构设计

教材编写理念决定教材编写的思路、结构的设计和内容的组织方式。为了让教材更符合职业院校学生的特点，我们提出了"学为中心、任务引领"的总体编写理念，以典型情景任务为载体，根据学生完成任务的过程设计学习过程，根据学习过程设计教材的单元结构，在教材中搭建起学习活动的基本框架。为此，研究团队将世赛转化教材的单元结构设计为情景任务、思路与方法、活动、总结评价、拓展学习、思考与练习等几个部分，体现学生在任务引领下的学习过程与规律。为了使教材更符合职业院校学生的学习特点，在内容的呈现方式和教材版式等方面也尝试一些创新。

3. 体现教材内容的综合性

世赛转化教材不同于一般专业教材按某一学科或某一课程编写教材的思路，而是注重教材内容的跨课程、跨学科、跨专业的统整。每本世赛转化教材都体现了相应赛项的综合任务要求，突出学生在真实情景中运用专业知识解决实际问题的综合职业能力，既有对操作技能的高标准，也有对职业素养的高要求。世赛转化教材的编写为职业院校开设专业综合课程、综合实训，以及编写相应教材提供参考。

4. 注重启发学生思考与创新

教材不仅应呈现学生要学的专业知识与技能，好的教材还要能启发学生思考，激发学生创新思维。学会做事、学会思考、学会创新是职业教育始终坚持的目标。在世赛转化教材中，新设了"思路与方法"栏目，针对要完成的任务设计阶梯式问题，提供分析问题的角度、方法及思路，运用理论知识，引导学生学会思考与分析，以便将来面对新任务时有能力确定工作思路与方法；还在教材版面设计中设置留白处，结合学习的内容，设计"提示""想一想"等栏目，起点拨、引导作用，让学生在阅读教材的过程中，带着问题学习，在做中思考；设计"拓展学习"栏目，让学生学会举一反三，尝试迁移与创新，满足不同层次学生的学习需要。

世赛转化教材体现的是世赛先进技能标准与规范，且有很强的综合性，职业院校可在完成主要专业课程的教学后，在专业综合实训或岗位实践的教学中，使用这些教材，作为专业教学的拓展和补充，以提高人才培养质量，也可作为相关行业职工技能培训教材。

编委会

2022 年 5 月

前 言

一、世界技能大赛园艺项目简介

园艺（Landscape Gardening）项目是世界技能大赛的传统项目，是世界技能大赛结构与建筑技术（Construction and Building Technology）职业大类下设的比赛项目之一。园艺项目是指在规定的时间和空间里，按预先设计的赛题，使用合适的工具，对指定造景材料进行制作、安装、布置和维护的竞赛项目。2017 年在阿联酋阿布扎比举行的第 44 届世界技能大赛上，我国首次派队参加园艺项目并一举获得该项目铜牌（选手为孙伟和汪仕洋）；2019 年在俄罗斯喀山举行的第 45 届世界技能大赛上，我国获得该项目的优胜奖（选手为严迪和温康）。

园艺项目竞赛是在园艺项目世界技能职业标准（World Skills Occupational Standards，简称 WSOS）指导下进行的。园艺项目 WSOS 由九部分组成，每部分都被分配了权重，所有的权重之和是 100%，分别是工作组织与管理（权重为 10%）、客户服务与沟通（权重为 5%）、园林设计和园林设计的解读（权重为 15%）、天然石材和预制件的塑形与安装（权重为 15%）、切割和组装非坚硬性组合结构（权重为 15%）、地形和基质等材料（权重为 5%）、园林植物的种植与养护（权重为 25%）、园林水电等安装（权重为 5%）、水景（权重为 5%）等。另外，每部分还规定选手要达到一定的"应知"和"应会"要求。

世界技能大赛园艺项目比赛是一个团队项目，每个参赛队由两位选手组成。比赛要求参赛队在四天不超过 22 小时内，在 30—50m² 的空间里相互协作完成规定赛题的施工。比赛赛题由图纸及施工说明组成，图纸中的硬质景观部分提供施工图纸，选手需要按图施工；植物部分由选手根据提供的材料及施工说明自主设计并施工。以第 45 届世赛技能大赛园艺项目赛题为例，该赛题共包含五个模块，分别是木作施工、砌筑施工、铺装施工、水景施工及绿色空间布局。选手完成的作品要完整地呈现以上五个模块，并能有机地结合在一起组成一件园艺作品。

比赛过程中，选手要合理地安排工作流程，注意个人防护及施工动作符合人体工学；同时要合理安排工时，在完成每天考核模块的前提下，可以提前进行第二天考核模块的施作。园艺项目在关注结果评价的同时，也非常重视过程评价，注重综合能力的考核。理论部分在竞赛时不作单独考核。

二、教材转化路径

从世赛项目到教材的转化，主要遵循两个原则：一是依据世赛职业技能标准和评价要求，确定教材的内容和每单元的学习目标，充分体现教材与世界职业技能标准的对接，突出教材的先进性和综合性；二是坚持遵循学生学习特点和教学规律，从易到难，从单一到综合，确定教材的内容体系，构建有利于教与学的教材结构，把世赛的标准、规范融入具体学习任务中。

根据园艺项目WSOS的内容要求和历年世赛赛题的考核情况，并结合我国现有的专业教学实际，本教材确定以上海市美丽乡村建设中"美丽庭院"项目的一套完整的园林庭院景观施工内容和施工过程为载体，分为六大模块17个工作任务（见下图），强调技能和素养的综合培养，注重"工学结合，做学一体"，紧贴企业在园林庭院景观施工项目的需求，进行针对性训练。本教材将实际企业工作任务融入专业知识和技能学习中，为学生就业提前做好心理准备和技能准备。

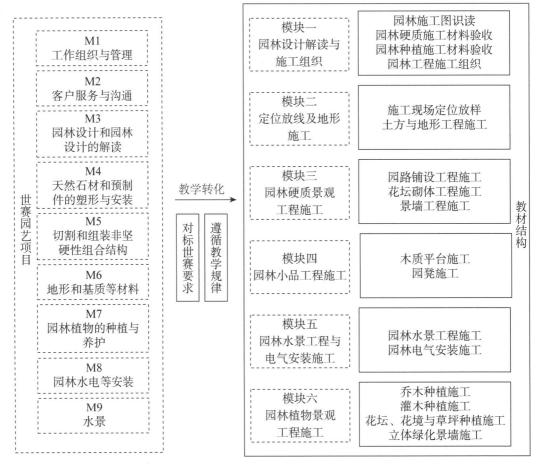

园艺项目教材转化路径图

目　录

模块一

园林设计解读与施工组织

一个园林工程项目的建设过程大致可以分为项目计划立项报批、组织计划及设计、工程建设实施、工程竣工验收等阶段。园林工程项目设计图纸完成后，就进入园林工程项目建设实施阶段，项目的主要任务也由设计单位的设计转为施工单位的现场施工。

　　园林工程项目施工单位在正式开工前，需要对本项目的设计进行解读与施工前的准备，主要内容包括园林施工图识读、园林工程材料的准备和验收、其他施工现场的准备工作等。

　　本模块在世赛园艺项目中虽未单独考核，但却是基础操作部分，一般在竞赛前一天（C-1天）的比赛场地检查和验收阶段进行，为正式比赛做好各种准备。

图 1-0-1　园林施工图识读　　　　图 1-0-2　园林硬质施工材料验收

图 1-0-3　园林种植施工材料验收　　　图 1-0-4　园林工程施工组织

任务1　园林施工图识读

 学习目标

1. 能按正确的步骤进行图纸识读。
2. 能正确理解施工图的构成及其主要内容。
3. 能识读不同类型的施工图。
4. 能正确识读施工图中不同的符号。
5. 在识图过程中，逐步养成一定的形象思维和严谨求实的工作态度。

 情景任务

在"美丽庭院"项目的建设过程中，作为景观专业的施工人员，在进行庭院施工前，首先应仔细查阅整套施工图纸，认真、细致地阅读图纸内容，获得相对应的图纸信息，以便展开下一步的施工环节。

 思路与方法

园林施工图是用来指导园林工程施工的一系列图纸。它运用投影方法，并按照国家标准与设计规范的规定，详细、准确无误地表示园林工程区域范围内的总体设计及各项单体工程设计内容、施工要求和施工工艺等。施工图的绘制逻辑是从项目的全局到局部再精确到细部的一个被逐步放大的过程，以图文并茂的形式展现项目内容。施工过程必须严格按图施工，因此必须学会科学合理的识图方法，这样才能取得事半功倍的效果。

一、一套完整的园林施工图由哪几部分组成？

按照国家制定的行业标准，一套完整的园林施工图一般包括以下内容：封面、图纸目录、施工说明、总图、详图、绿化施工图、附属设施图、给排水施工图、电气施工图、建筑及结构施工图、材料汇总表（苗木、硬质材料）。

查一查

我国现行的《风景园林制图标准》中关于图纸内容和设计深度的具体要求。

想一想

学校要新建一个小游园，你认为施工图至少应该包括哪些内容？

3

想一想

如果本庭院业主表示还需要加一个自动喷灌系统,你认为需要增加哪些图纸?

根据项目具体情况,图纸的顺序可以进行调整。如果遇到小型项目,也可以进行合并出图。主要原则是清晰表达设计内容,便于施工。

图 1-1-1　园林自动喷灌系统

二、园林施工图包含哪些内容?

园林施工图一般包含封面、施工说明、总图、详图、绿化施工图、附属设施图、苗木统计表和材料汇总表等内容(见表 1-1-1)。

试一试

请你随便抽一张施工图,将图纸名称盖住,通过阅读图纸信息,你能识别出它是施工图中的哪张图吗?

想一想

附录中的施工说明提到了石材铺装的接缝,你知道为什么需要备注接缝的尺寸吗?密缝铺贴的效果如何?

表 1-1-1　园林施工图的构成及主要内容

序号	图纸名称	分类	主要内容
1	封面	封面	居中标注项目名称、图纸设计阶段(施工图)、建设及设计单位、项目建设时间
2	施工说明	施工说明	详细说明施工设计要点及相关技术指标
3	总图	总平面图	绘制各景观元素及主要设施的平面布局
		平面索引图	在总平面图中详细地罗列各重要景观的名称及图纸编号,以便识图时从平面索引图中找到对应的图纸
		尺寸标注图	标注总平面图中各部分设施、道路、构筑物等的详细尺度
		平面定位图	绘制各设计要素及主要设施的放线基点定位
		竖向标高图	标注总平面图中各部分的顶标高、底标高、设施构筑物标高、水面及水底标高等
		铺装总平面图	图文并茂地将铺装样式、材料、表面处理方法等内容表达清晰

（续表）

序号	图纸名称	分类	主要内容
4	详图	铺装详图	对各种材料的名称、规格、肌理材料铺法和铺装细节等作清楚、详细说明
		土建小品详图	详细地标注构建物细部尺寸和使用的材料，平面、立（剖）面详图的相关信息要与平面索引图一致
5	绿化施工图	绿化施工图	将乔木、灌木、花卉、地被、草坪等种植施工内容画在同一张图纸上，体现苗木位置的相互关系，并在图纸上标注每一个植物品种的名称和数量
6	附属设施图	水电平面图	定位灌溉给水管的位置，标明材料和规格；定位景观灯及预埋电线的位置，标明景观灯类型及预埋方式
		管理设备图	定位管理设备的位置、类型及型号等
7	苗木统计表	苗木统计表	（1）苗木种类或品种。（2）规格、胸径以厘米为单位，写到小数点后一位；冠径、高度以米为单位，写到小数点后一位。（3）对苗木品相、姿态等的具体要求。（4）密度及数量
8	材料汇总表	材料汇总表	各种硬质材料汇总清单

查一查

查阅相关资料，了解常见的管材、管件、灯具等在水电平面图中的表示方法。

三、如何对照目录核查并确认图纸？

图纸目录中包括封面、施工说明、总图、详图、绿化施工图、附属设施图、苗木统计表、材料汇总表等。以本套庭院景观施工图的目录为例，具体如下。

1. 施工说明：LP-00 施工说明。

2. 总图：包括 LP-01 总平面图，LP-02 平面索引图，LP-03 尺寸标注图，LP-04 平面定位图，LP-05 竖向标高图。

3. 详图：包括 LP-08 花坛、汀步、花岗岩铺装详图，LP-09 花岗岩平台、块石景墙详图，LP-10 台阶、水景、木质座凳详图，LP-11 木质平台详图，LP-12 立体绿化景墙详图。

4. 绿化施工图：LP-06 绿化种植图。

5. 附属设施图：LP-07 水电平面图。

想一想

如何确认绿化施工图与苗木统计表的对应关系？

6. 苗木统计表:LP-13 苗木统计表。

7. 材料汇总表:LP-14 材料汇总表。

明确图纸目录的全部内容后,将此作为依据,与后面的施工图进行一一对照并核查,如有遗漏或错误,应及时提出。

表 1-1-2　图纸目录

序号	图纸编号	图纸名称	图纸尺寸	备注
1	LP-00	施工说明	A4	
2	LP-01	总平面图	A3	
3	LP-02	平面索引图	A3	
4	LP-03	尺寸标注图	A3	
5	LP-04	平面定位图	A3	
6	LP-05	竖向标高图	A3	
7	LP-06	绿化种植图	A3	
8	LP-07	水电平面图	A3	
9	LP-08	花坛、汀步、花岗岩铺装详图	A4	
10	LP-09	花岗岩平台、块石景墙详图	A4	
11	LP-10	台阶、水景、木质座凳详图	A4	
12	LP-11	木质平台详图	A4	
13	LP-12	立体绿化景墙详图	A4	
14	LP-13	苗木统计表	A3	
15	LP-14	材料汇总表	A3	

四、图纸的图名如何标注整合?

当施工图中有多项不同图纸内容时,为了清晰地表达图纸内容,对应的每一个具体内容都会有独立的序号及图名,并根据每张图纸所包含的内容在图框右下角的图名框内进行整合取名。

如图 1-1-2 所示,图框内包含五项不同图纸内容,其中右下角的图名框被标注为花坛、汀步、花岗岩铺装详图。

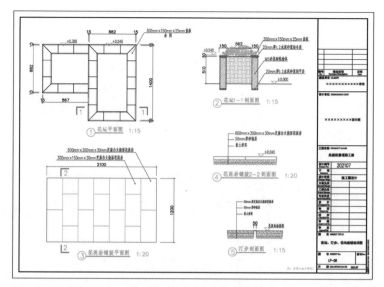

图 1-1-2　包含多项内容的图框

想一想

为什么一张图上会有不同的比例？如何确定图纸比例？

五、如何识读平面索引图？

在园林施工图中，有时会因为总平面图的纸张太小而无法清楚地标注所有景物细节。为了方便施工，则要将该部分内容在其他图纸中放大表示，目的就是清晰地标注该处的细部结构。其中，索引图的作用就是明确图纸相互之间的关系。

索引图常用详图符号来表示详图的位置——所在图号及对应编号。详图符号常用直径为 14 mm 的粗实线圆形来表示，中间以直线将圆形对半划分。其中，上半部分标注详图在图框内的编号，下半部分标注被索引详图所在图纸的编号（见图 1-1-3）。

想一想

你在生活中是否见到过这样的索引图？

图 1-1-3　详图符号的表示方法

图 1-1-4 所示是本项目的局部平面索引图，可以试着在图中找到详图符号，并仔细识读。

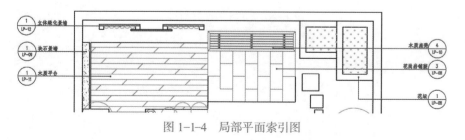

图 1-1-4　局部平面索引图

想一想

你能根据平面索引图中的信息找到木质座凳的详图所在位置吗？

7

六、如何识读尺寸标注图？

首先要了解尺寸标注的构成。图 1-1-5 中的尺寸标注包括尺寸界线、尺寸线、尺寸起止符号和尺寸数字相互之间的关系。

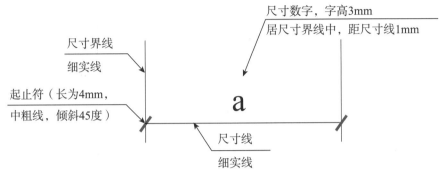

图 1-1-5　尺寸标注图

其次要进行尺寸的识读。尺寸表示的是尺寸起止符号之间的垂直距离，如图 1-1-6（a）中尺寸的注写所示。一些复杂的图形还需要分段标注尺寸，如轴线尺寸、内尺寸、外包尺寸等，如图 1-1-6（b）中尺寸的排列所示。

想一想

如果图纸上出现圆弧形、圆形或不规则图形，要怎么识读？

试一试

请你画一张花坛平面图，并完成尺寸标注。

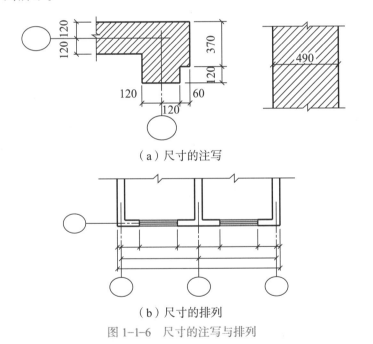

（a）尺寸的注写

（b）尺寸的排列

图 1-1-6　尺寸的注写与排列

注意事项

1. 图样上的尺寸应以标注的数字为准，不应从图上直接量取。

2. 图样上的尺寸标注单位，除了标高及总平面图以米为单位外，其他都以毫米为单位。

七、如何识读竖向标高图？

图 1–1–7 中的倒三角符号是《房屋建筑制图统一标准》（GB/T 50001–2010）规定的标高符号，单位是米，小数点后保留三位。常用相对标高法，根据工程需要选定标高的基准面，用"±0.000"表示。一般把建筑物的底层室内地面作为基准面，也常把景观中的已有道路作为基准面。所谓相对标高法，是指将其他区域的高程与基准面作对比，高于它的为正值，低于它的为负值。识读标高时，前面加注"–"号的是负值标高，前面加"+"号或不加"+"号的是正值标高。图纸中还常用 TW 表示墙顶标高，用 WL 表示水面标高，用 BL 表示池底标高。

查一查

▼ 符号和 ▽ 符号的区别。

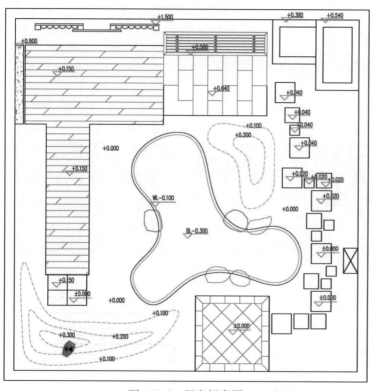

图 1–1–7　竖向标高图

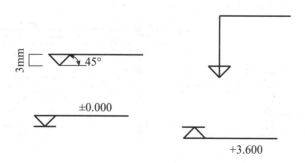

图 1–1–8　标高符号示意图

画一画

请你画一张简易的总平面图，并用相对标高法绘制标高图。

八、如何识读园路断面图中的标注内容？

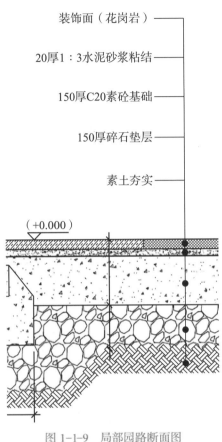

装饰面（花岗岩）

20厚1：3水泥砂浆粘结

150厚C20素砼基础

150厚碎石垫层

素土夯实

（+0.000）

图1-1-9　局部园路断面图

施工图中常用插旗标注法（引线法）对断面图进行文字注解，如园路断面图、构筑物断面图等。文字说明一般标注在插旗上方的横线上或与横线对齐标注，采用由上至下的顺序。为了便于精准、快速地识读，常在断面图中的对应区域加上标注点。插旗上的标注内容应与图中的标注点相对应。识读时，依照插旗文字的上下顺序，与标注点一一对应地读取。

图1-1-9中插旗文字的上下顺序与标注点一一对应，如装饰面（花岗岩）指的是第一个标注点处的路面层，20厚1：3水泥砂浆粘结指的是第二个标注点的路面层，以此类推。图1-1-10中的插旗文字的上下顺序也与标注点相对应。

试一试

根据识读园路断面图中的标注内容的方法，识读图1-1-10中的标注内容。

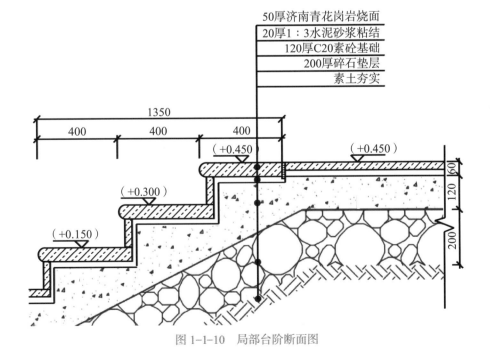

50厚济南青花岗岩烧面
20厚1：3水泥砂浆粘结
120厚C20素砼基础
200厚碎石垫层
素土夯实

1350

400　400　400

（+0.450）　（+0.450）

（+0.300）

（+0.150）

60

120

200

图1-1-10　局部台阶断面图

九、如何识读总平面图?

仔细识读总平面图(见图 1-1-11),确认具体的设计内容。

1. 所有总平面图中标注的景观要素包括绿化、水池、块石景墙、立体绿化景墙、木质平台、花岗岩平台、花岗岩铺装、花坛、木质座凳、附属设施等。

2. 识读总平面图中各景观要素的布局关系、周边环境等。

想一想

从总平面图中还能获得哪些信息?

想一想

如果要画一张学校小游园的总平面图,需要标注哪些具体内容?

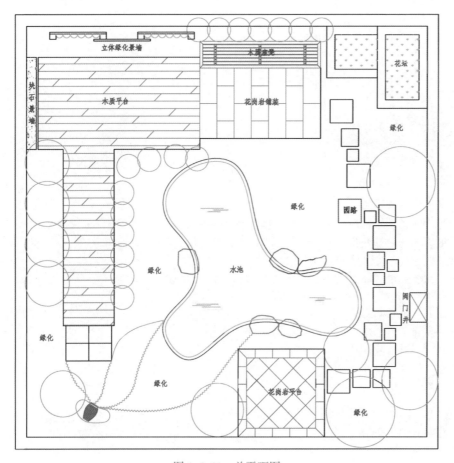

图 1-1-11　总平面图

通读图纸封面,仔细核对项目信息,包括建设及设计单位、工程名称、设计阶段、日期等基本信息。同时,要对项目信息进行整体确认,以便下一步具体工作的实施。

表 1-1-3　园林施工图识读流程

识读环节	识读内容	图纸示例	注意事项
识读封面	确认项目名称、建设及设计单位、日期等基本信息		注意对图纸的保护
识读图纸目录	对照目录,确认图纸数量,核查图纸目录中的信息与实际图纸是否一一对应	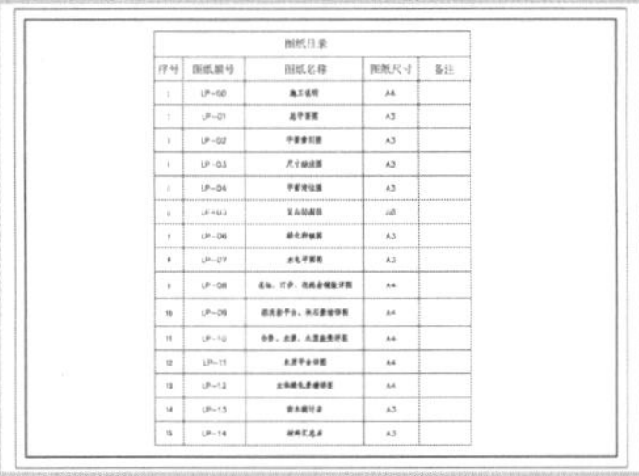	如有遗漏或错误,应及时提出
识读施工说明	了解项目概况及位置、设计依据、施工规范、图纸采用的标注尺寸单位、施工工艺、材料类型及规格要求、质量标准、施工注意事项和一些特殊的技术要求,进一步深入了解项目的形成	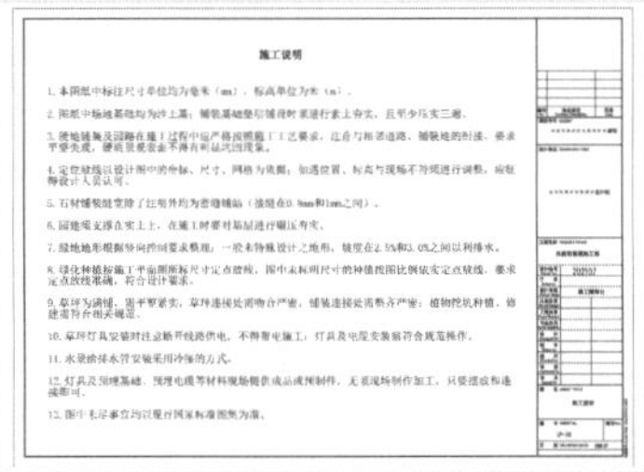	要特别注意一些施工工艺的要点
识读总平面图	仔细识读总平面图,对整体布局关系、周边环境要有所了解,知道所有平面图中标注的景观要素相互之间的关系	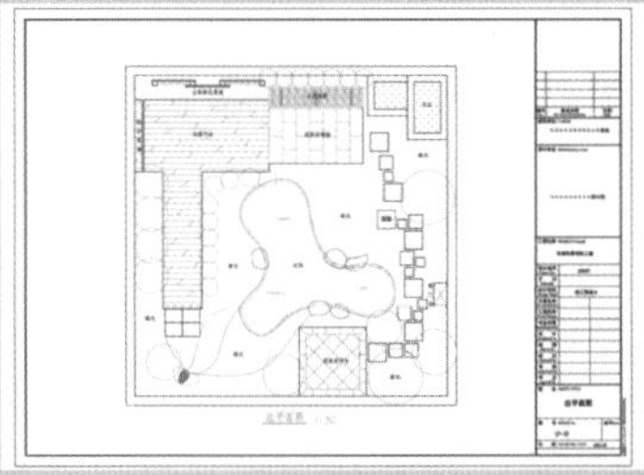	注意景物模块的名称和大致位置
识读平面索引图	根据索引符号,找到对应的详图	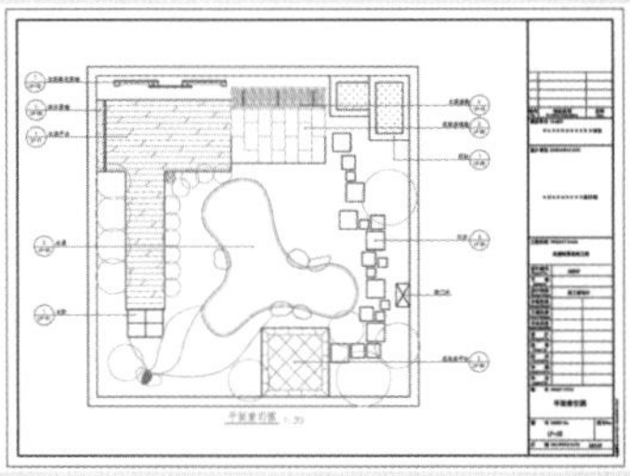	注意平面索引图与详图的对应关系

识读环节	识读内容	图纸示例	注意事项
识读详图	仔细识读详图，了解详图平面图、立面图、剖面图的相互关系及结构	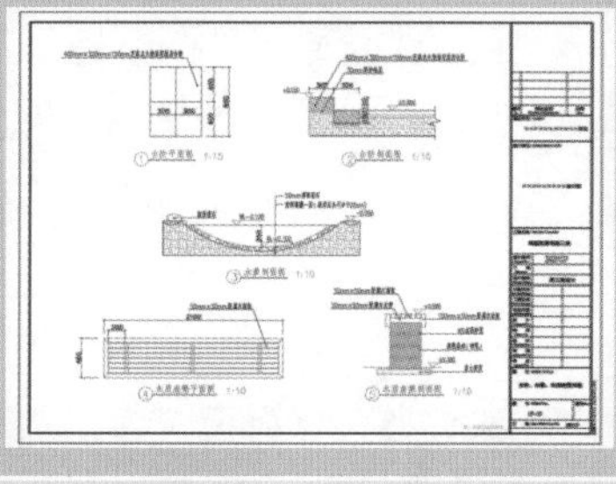	注意对照总平面图进行识读
识读绿化种植图	仔细识读绿化种植图，了解绿化品种、布置位置等内容	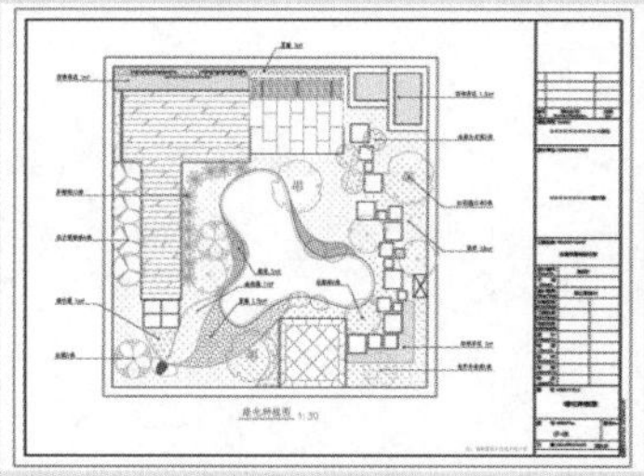	注意绿化种植图与苗木统计表的对应关系
识读附属设施图	仔细识读图纸，明确平面图中水电的具体位置	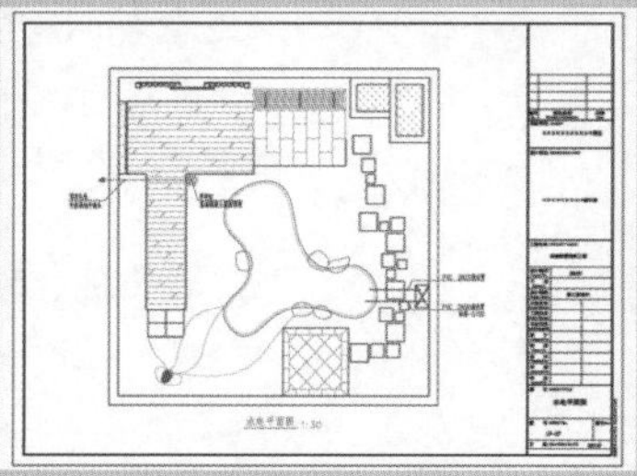	注意附属设施图与总平面图中其他景观元素是否存在矛盾之处
识读苗木统计表	对照绿化种植图，查找对应绿化品种的规格、数量等信息	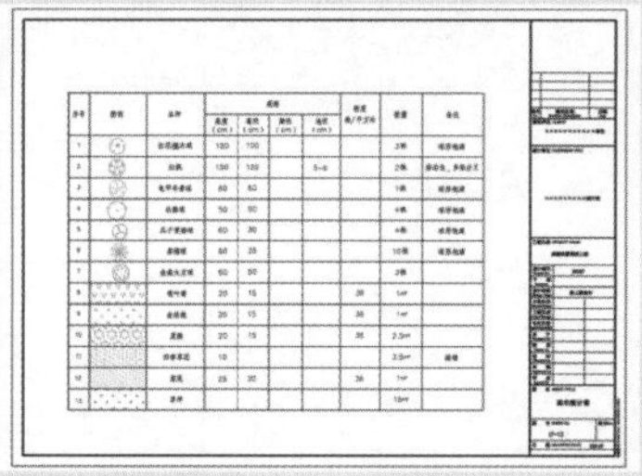	理解苗木统计表中对苗木规格的要求，核查有无遗漏
识读材料汇总表	对照详图，查找硬质施工材料的品种、规格、数量等信息	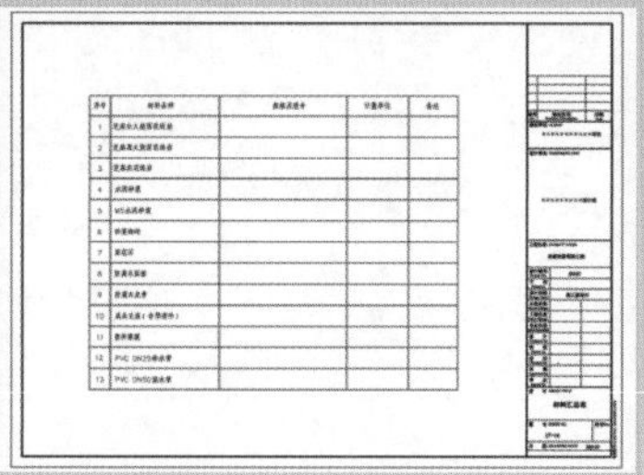	了解材料的规格，为材料验收做好准备

 **总结评价**

参照世界技能大赛园艺项目评价办法，本任务评价采用客观分评价方式，分为五个评价项目，共计 100 分（见表 1-1-4）。凡可采用客观数据表述的评价称为客观分评价，可以用客观分评价表打分。

想—想

失分的原因出在哪个环节？应该如何对知识点进行查漏补缺？

表 1-1-4　客观分评价表

序号	评价项目	评分标准	规定或标准值	结果或实际值	分值	得分
1	识读施工图纸的组成	准确说出施工图纸的组成部分。漏掉一项扣 2 分，数量错误一项扣 2 分，扣完为止	七大项十四类		20 分	
2	核查图纸	根据图纸目录，仔细核对图纸名称和设计内容，确保图纸的完整性。图纸顺序错误扣 1 分，数量错误一项扣 1 分，扣完为止	图纸目录与图纸完整性核查		10 分	
3	识读平面索引图	准确说出平面索引图中的索引符号对应的详图图号，并快速找到该图纸。说错一项扣 2 分，未能找到对应的详图图号扣 2 分，扣完为止	十个索引符号		20 分	
4	识读施工图纸对应的具体内容	准确说出施工图纸对应的主要内容。漏掉一项扣 2 分，表述不完整一项扣 1 分，扣完为止	十四类		40 分	

（续表）

序号	评价项目	评分标准	规定或标准值	结果或实际值	分值	得分
5	识读施工图纸中的符号	准确说出施工图纸中不同的表示符号。漏掉一项扣 2 分，表述不完整一项扣 1 分，扣完为止	五大类		10 分	
合计					100 分	

拓展学习

赏析苏州拙政园，品味中国古典园林之美

　　拙政园始建于明正德初年（16 世纪初），是江南古典园林的代表作品。400 多年来，拙政园几度分合，或为"私人"宅园，或为"王府"治所，留下了许多值得探寻的遗迹和典故。拙政园与北京颐和园、承德避暑山庄、苏州留园一起被誉为中国四大名园。

查一查

中国四大名园的故事。

北京颐和园

承德避暑山庄

苏州拙政园

苏州留园

图 1-1-12　中国四大名园

想一想

你知道粉墙黛瓦的含义吗?

拙政园位于苏州城东北隅(姑苏区东北街 178 号),是苏州现存最大的古典园林,占地 78 亩。全园以水为中心,山水萦绕,厅榭精美,花木繁茂,具有浓郁的江南水乡特色。园南为住宅区,体现了典型江南地区传统多进式的民居格局。园西侧外是苏州博物馆,其建筑风格秉承了江南园林的粉墙黛瓦。附近的网师园也与拙政园一样具有浓郁的江南特色。

查一查

苏州博物馆的设计师贝聿铭在我国还有哪些其他著名的设计作品。

图 1-1-13　苏州博物馆

图 1-1-14　中国古典名园——网师园

拙政园于 1961 年 3 月被列为首批全国重点文物保护单位,1991 年被中华人民共和国国家计划委员会、中华人民共和国国家旅游局、中华人民共和国建设部列为国家级特殊游览参观点,1997 年被联合国教科文组织批准列入《世界遗产名录》,2007 年被国家旅游局评为首批国家 5A 级旅游景区。

拙政园分为东部、中部、西部和住宅四部分,其中住宅是典型的苏州民居。拙政园中现有的建筑大多是清咸丰九年(1859 年)重建的,至清末形成东部、中部、西部三个相对独立的小园。

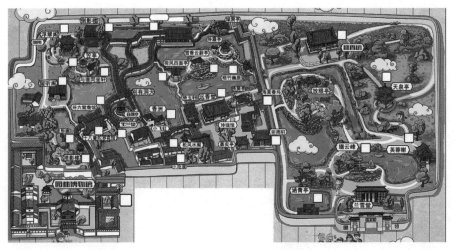

图 1-1-15　拙政园总平面图

东部原称"归田园居"，是因为明崇祯四年（1631 年）园东部归侍郎王心一而得名。归园早已荒芜，全部为新建，布局以平冈远山、松林草坪、竹坞曲水为主，并配以山池亭榭，仍保持疏朗明快的风格。主要建筑有兰雪堂、芙蓉榭、天泉亭、缀云峰等，均为移建。

中部是拙政园的主景区，为精华所在。其总体布局以水池为中心，亭台楼榭皆临水而建，有的亭榭则直出水中，具有江南水乡的特色。总的格局仍保持明代园林浑厚、质朴、疏朗的艺术风格。以荷香喻人品的远香堂为中部拙政园主景区的主体建筑，位于水池南岸，遍植荷花。远香堂之西的倚玉轩与香洲遥遥相对，两者与其北面的荷风四面亭成三足鼎立之势，都可随势赏荷。倚玉轩之西有一曲水湾深入南部居宅，这里有三间水阁——小沧浪，它以北面的廊桥——小飞虹分隔空间，构成一个幽静的水院。

说一说

列举一下你游览过的中国古典园林，试选一个印象最深刻的园林，给大家分享一下游览时的所见所想。

图 1-1-16　小飞虹

从拙政园中园的建筑物名来看，大都与荷花有关。王献臣之所以要如此大力宣扬荷花，主要是为了表达他孤高不群的清高品格。中部景区还有微观楼、玉兰堂、见山楼等建筑以及精巧的园中之园——枇杷园。

想—想

你还去过哪些中国古典园林？这些园林有什么特点？有哪些中国特色的景物？

西部原为"补园"，其水面迂回，布局紧凑，依山傍水建以亭阁。因被大加改建，所以乾隆后形成的工巧、造作的艺术风格占了上风。但水石部分同中部景区仍较接近，而起伏、曲折的水廊和溪涧则是苏州园林造园艺术的佳作。西部的主要建筑为靠近住宅一侧的卅六鸳鸯馆，是当时园主人宴请宾客和听曲的场所，厅内陈设考究。卅六鸳鸯馆的水池呈曲尺形，其特点为台馆分峙，装饰华丽精美，晴天由室内透过蓝色玻璃窗观看室外景色犹如一片雪景。回廊起伏，水波倒影，别有情趣。西部的另一主要建筑与谁同坐轩乃为扇亭，扇面两侧实墙上开着两个扇形空窗，一个对着倒影楼，另一个对着卅六鸳鸯馆，而后面的窗中又正好映入山上的笠亭，笠亭的顶盖又恰好配成一个完整的扇子。"与谁同坐"取自苏东坡的词句"与谁同坐？明月清风我"。因此一见匾额，就会想起苏东坡，就会知道这里可欣赏水中之月，可感受清风之爽。西部的其他建筑还有留听阁、宜两亭、倒影楼等。

想—想

你知道为什么中国园林会被称为"世界园林之母"吗？

图 1-1-17　卅六鸳鸯馆

图 1-1-18　与谁同坐轩

 思考与练习

一、思考题

1. 为什么施工图中不用指南针而用指北针？哪些施工图必须要有指北针？

2. 如何编排施工图纸目录？

二、技能训练题

根据给定的座凳树池平面图（见图 1-1-19），识读出座凳树池的尺寸和材料，并完成该座凳树池的立面图和剖面图。

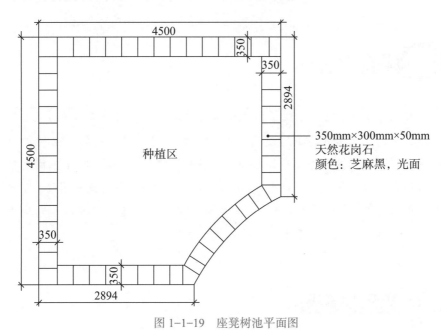

图 1-1-19　座凳树池平面图

图中标注：4500、350、350、2894、4500、350、2894、种植区、350mm×300mm×50mm 天然花岗石 颜色：芝麻黑，光面

试一试

结合园林工程材料和园林制图识图知识，试为图 1-1-19 所示的座凳树池绘制合理的施工结构详图，并注明所用材料的材质和规格。

任务2 园林硬质施工材料验收

情景任务

在任务1中,已经完成了识读施工图的工作。作为施工人员,在进行庭院施工前一定要熟悉图纸内容,并且明确工程中将要用到的全部硬质材料。通过识读铺装等硬质工程图纸,整理硬质材料清单,继而根据清单准备相关材料,为后续施工做好材料准备工作。仔细查阅施工图纸,在详图中找出道路、花坛、木质平台等硬质工程内容,搜集并整理对应的硬质材料规格等信息,以便展开下一步的施工环节。

思路与方法

想一想

如果庭院中要新增一个喷泉水池,会增加哪些施工材料?

怎么才能做好一个园林项目?这就好比厨师要做好一桌宴席,不仅要有菜单和安排,还要根据客户需求准备上好的食材,而在园林项目中,工程材料就是"食材",只有掌握这些材料的性质和特点后,应用起来才能得心应手。

一、什么是园林硬质施工材料?

园林工程材料按照材料本质特性可分为硬质材料和软质材料两大类。硬质材料是指除了植物和水体等软质材料外,如建设铺地、墙体、栏杆、景观构筑物等所用的工程材料。

二、园林硬质施工材料有哪些种类？

除了石材、木材、钢材、砖四大主材处，还有管材、玻璃、塑胶、膜结构等其他材料。随着科技的不断进步，还会出现越来越多的新材料和高科技材料。

查一查

园林硬质施工材料中的"四大天王"。

三、什么是花岗岩和大理石？

1. 花岗岩

花岗岩是一种岩浆在地表以下冷却、凝固而形成的火成岩，具有可见的晶体结构和纹理。它由长石和石英组成，掺杂少量云母（黑云母或白云母）和微量矿物质。其特点如下：质地坚硬，难以被酸碱或风化作用侵蚀；通常略带白色或灰色，由于混

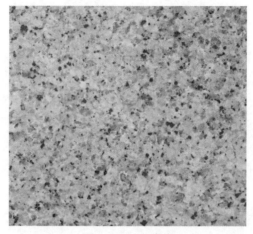

图 1-2-1　花岗岩

有深色的水晶，外观带有斑点，有些呈红色或肉色。

评价花岗岩质量一般有四个指标：（1）装饰性能，包括色泽和花纹等；（2）成材性能，包括成材率和成荒率等；（3）加工性能，包括可锯性、磨光性和抛光性等；（4）使用性能及物理性能，包括质量、抗压强度、抗折强度、耐酸性、耐碱性、放射性、硬度和吸水率等。

2. 大理石

图 1-2-2　大理石

大理石也称大理岩，是石灰岩、白云岩等碳酸盐岩经过地壳内高温高压作用形成的变质岩。大理石的主要成分是碳酸钙，有的大理石还含有一定的二氧化硅。其特点是碳酸钙颗粒细腻，表面条纹分布不规则，硬度较低。

根据大理石的天然特性，通常从优到劣分为 A、B、C、D 四类。

四、如何区分大理石和花岗岩?

想一想

汉白玉到底是大理石还是花岗岩?

在实际应用中,一般通过观察石材的纹理来区分大理石和花岗岩。由于花岗岩是结晶体,其花纹是点状结晶态。花岗岩石材没有彩色条纹,多数只有彩色斑点,还有的是纯色。其中,矿物颗粒越细越好,说明结构紧密结实。由于大理石是变质岩,一般为线状纹理。其优点是矿物成分简单,易加工,多数质地细腻,镜面效果较好;缺点是质地较软,被硬重物体撞击时易受损伤,其中浅色大理石石材易被污损,因此多用于室内。

五、按石材表面处理方式不同,常见的石材面层有哪几种?

找一找

火烧面和荔枝面的不同点。

石材表面处理是指在保证石材自身安全的前提下,对其表面采用不同的处理手法,让其呈现出不同的材料样式,以满足各种观赏和功能需求。按石材表面处理方式不同,常见的石材面层可分为火烧面、荔枝面、机切面、自然面、抛光面、蘑菇面、拉丝面等。

六、具有防腐效果的景观木材有哪些?

防腐木是防腐木材的简称,其优点主要有:自然、环保、安全;防腐、防霉、防蛀、防白蚁侵袭;提高木材稳定性,有利于保护户外木质结构;易于涂料及着色,能达到出众的效果;能满足各种设计要求,易于各种景观构筑物的制作;适应各种户外气候环境,最高使用年限可达30年。

有些木材天然具有防腐效果,这类木材称为天然防腐木。但大部分木材用于室外景观设计时都需要进行处理。常见的防腐处理方式有两种:一种是防腐处理,称为人工防腐木;另一种是碳化处理,称为碳化木。

1. 天然防腐木

查一查

天然防腐木和人工防腐木的价格。

天然防腐木是指芯材的天然耐腐性达到防腐等级2级以上的木材,如柚木、非洲紫檀、红雪松、菠萝格、巴劳木。其特点是:(1)没有进行任何处理,因此环保和安全性能优良;(2)可保持木材原有的色泽、纹理和强度等性能。

想一想

为什么天然防腐木不用处理就可以防腐?

图 1-2-3　柚木　　　　　图 1-2-4　菠萝格

2. 人工防腐木

除柚木、菠萝格等天然防腐木之外，大部分木材都需要作人工防腐加工处理，这部分木材称为人工防腐木。主要方法是先将木材干燥后，再在真空状态下将其浸没于防腐剂中，通过高压使防腐剂浸入木材内部，与木材的细胞纤维紧密结合，这样一来侵蚀生物就没有了生存空间，从而达到木材防腐的目的。

3. 碳化木

碳化木也称碳化防腐木，学名为超高温热处理木。主要方法是运用高温对木材进行同质碳化，使木材不仅具有一定的防腐及抗生物侵袭性能，还具有材质稳定、不易变形、不易开裂等特点。

从木材表面色彩来看，碳化木与防腐木比较容易区分（见图 1-2-5 和图 1-2-6），碳化木比防腐木更有光泽、更加鲜亮。

图 1-2-5　防腐木　　　　图 1-2-6　碳化木

七、常用的园林给排水塑料管材有哪些？

在喷灌工程中，常用的给水塑料管材有聚氯乙烯（PVC）、聚乙烯（PE）和无规共聚聚丙烯（PPR）等。

1. 聚氯乙烯（PVC）管材

聚氯乙烯管材是将聚氯乙烯树脂、增塑剂、稳定剂、填充剂和其他外添加剂按照一定比例均匀混合并加热塑化后，挤出、冷却定型而成。根据管材外观的不同，可将其分为光滑管和波纹管。

聚氯乙烯管材有硬质聚氯乙烯管材和软质聚氯乙烯管材之分，其中绿地喷灌系统主要使用硬质聚氯乙烯管材。

2. 聚乙烯（PE）管材

聚乙烯管材分为高密度聚乙烯（HDPE）管材和低密度聚乙烯（LDPE）管材。高密度聚乙烯管材具有较好的物理学性能，使用方便，耐久性好，但由于价格昂贵，因此在绿地喷灌系统中很少应用。低密度聚

想一想

哪些管材可以走热水，哪些管材不可以走热水？

乙烯管材材质较软,力学强度低,但抗冲击性能好,适合在较复杂的地形进行敷设,因此在绿地喷灌系统中广泛应用。

低密度聚乙烯管材具有以下特性:(1)化学稳定性好,能抵抗一定浓度和温度的酸、碱、盐类及有机溶剂的腐蚀作用;(2)具有良好的延伸性和力学性能;(3)无毒,素洁,加工性能好。

图 1-2-7 聚氯乙烯管材   图 1-2-8 聚乙烯管材

3. 无规共聚聚丙烯(PPR)管材

无规共聚聚丙烯管材的最大特点是耐热性能优良。无论是聚氯乙烯管材还是聚乙烯管材,一般使用温度都限制在 60℃ 以下。无规共聚聚丙烯管材在短期内的使用温度可达 100℃ 以上,正常情况可在 80℃ 条件下长时间使用。无规共聚聚丙烯管材的这个特性,使其应用在移动或半移动喷灌系统时能抵抗太阳的直射,满足暴露在户外的管道对耐热性的需求。

看一看

你知道家里的上下水管、燃气管用的是什么材料吗?

图 1-2-9 无规共聚聚丙烯管材

在园林排水中,常用的塑料管材有波纹管和软式透水管等。

PVC 波纹管、PE 波纹管的内壁光滑,水流阻力小,抗腐蚀性能好,节长,接头少,但抗压力不高。

软式透水管是一种具有倒滤、透水作用的新型管材,它利用毛细现象和虹吸原理,集吸水、透水、排水于一体,具有工程设计要求的耐压、透水及反滤作用。其施工简便,无接头,对地质、地形无特殊要求,任何需要用暗排水的地方都可以使用。

图 1-2-10 PVC 波纹管

图 1-2-11 软式透水管

八、本庭院施工过程中有哪些硬质施工材料？

查阅图纸，从硬质景观详图中找出硬质材料，接着看图找出材料名称及规格信息并填表。填好后再核查一次，确保材料清单无缺漏。

表 1-2-1 入场材料验收登记表

序号	材料品种	规格及型号	数量
1	芝麻白火烧面花岗岩		
2	芝麻黑火烧面花岗岩		
3	芝麻灰花岗岩		
4	水泥砂浆		
5	M5 水泥砂浆		
6	砂浆砌砖		
7	雨花石		
8	防腐木面板		
9	防腐木龙骨		
10	成品支座（含预埋件）		
11	塑料薄膜		
12	PVC DN25 给水管		
13	PVC DN50 溢水管		

园艺

表 1-2-2　园林硬质施工材料验收流程

验收内容	验收要求	验收示例	注意事项
验收准备	列出验收清单		清单要详细、清楚，不要有遗漏
石材验收	花岗岩、石材没有残缺，颜色均匀无色差，规格一致，板材面层处理符合设计要求		满足石材的允许偏差
水泥验收	水泥品种、级别、包装或散装仓号、出厂日期等资料齐全，水泥强度、安定性及其他必要的性能指标达到设计要求，质量符合现行国家标准规定		当使用过程中对水泥质量有怀疑或水泥出厂超过3个月（快硬硅酸盐水泥超过1个月）时，应进行复验，并按复验结果使用
防腐木验收	防腐木规格、树种名称、材质等级、含水率、干燥状态、防腐剂含量及品牌、防腐木的使用条件、产品加工生产厂家名称（包括木材生产商和防腐处理厂）、认证机构名称等资料齐全，符合设计要求		防腐木必须包括以下资料：说明书、等级证书、质量认证书、装箱单、商检证明、报关单和合格证等
给排水材料验收	给排水材料名称、规格型号、长度、生产厂家、合格证等资料齐全，符合设计要求		经外观检查，管材内外壁光滑，无气泡、裂口和明显的痕纹，无凹陷、色泽不均及分解变色线

（续表）

验收内容	验收要求	验收示例	注意事项
防水材料验收	薄膜等防水材料符合出厂规格标准，没有打皱、刮痕、发黏、麻面等现象		厂家必须出具该批防水材料的质量检验报告单，否则不予验收
灯具等配套材料验收	灯具及支座名称、规格型号、长度、生产厂家、合格证等资料齐全，符合设计要求		厂家必须出具生产合格证，否则不予验收
其他材料验收	垂直绿墙种植袋等符合设计要求		定制产品符合设计要求，材质及工艺与样品一致方可验收。同时，辅材符合工程质量要求

总结评价

参照世界技能大赛园艺项目评价办法，本任务评价采用客观分评价方式，分为五个评价项目，共计 100 分（见表 1-2-3）。

表 1-2-3　客观分评价表

序号	评价项目	评分标准	规定或标准值	结果或实际值	分值	得分
1	硬质材料清单编制	编制硬质材料清单。漏掉一种材料扣 2 分，漏掉一项不得分，错误一项扣 2 分，扣完为止	八大项十四种材料		30 分	

想一想

失分的原因出在哪个环节？应该如何改进和提升？

（续表）

序号	评价项目	评分标准	规定或标准值	结果或实际值	分值	得分
2	石材验收	石材完整性的查验，石材尺寸的核验，石材尺寸最大偏差的记录，色差的观察，面层处理的复核。少做或做错一项扣2分，扣完为止	分别查验和正确记录		20分	
3	水泥验收	记录水泥品种、级别、包装或散装仓号、出厂日期等信息。少做或做错一项扣2分，扣完为止	验收资料，记录完整		5分	
4	防腐木验收	记录防腐木规格、树种名称、材质等级、含水率、干燥状态、防腐剂含量及品牌、防腐木的使用条件、产品加工生产厂家名称（包括木材生产商和防腐处理厂）、认证机构名称等信息。少做或做错扣一项2分，扣完为止	验收资料，记录完整		15分	
5	材料数量核对	核对全部材料的数量。算错一项扣2分，扣完为止	材料数量准备无误		30分	
合计					100分	

拓展学习

比一比

检索并观看园林硬质施工材料验收相关视频，比较一下你与视频中技术人员验收硬质施工材料的步骤有哪些异同之处。

随着科学技术和工艺水平的不断提升，日新月异的新材料、环保材料和高科技材料被不断推出，使得园林创作空间更加丰富多彩。

一、新型混凝土材料——透光混凝土

透光混凝土是指将光学纤维、塑料树脂等透光材料与混凝土结

查一查

园林工程中还应用到哪些新材料。

合，形成一种具有半透明效果的混凝土材料。白天，阳光能透过墙体照进室内，可改善采光，节约照明用电。夜晚，建筑内部的灯光能穿过墙体透到室外，室外能看到室内人员的身影，给建筑增添了生机与灵动性。

图 1-2-12　透光混凝土

二、户外装饰金属材料——耐候钢

耐候钢，即耐大气腐蚀钢，是介于普通钢和不锈钢之间的低合金钢系列，由普碳钢添加少量铜、镍等耐腐蚀元素而成，具有优质钢的强韧、塑延、成型、焊割、磨蚀、耐高温、抗疲劳等特性。它的耐候性为普碳钢的 2—8 倍，涂装性为普碳钢的 1.5—10 倍。同时，它具有耐锈、使构件抗腐蚀延寿和减薄降耗以及省工节能等特点。

想一想

水泥、混凝土与钢砼之间的关系是什么？

图 1-2-13　耐候钢

三、人造石材

人造石材以不饱和聚酯树脂为黏结剂，配以天然大理石或方解石、白云石、硅砂、玻璃粉等无机物粉料，以及适量的阻燃剂、颜料等，经配料混合、瓷铸、振动压缩、挤压等方法成型固化而制成。与天然石材相比，人造石材具有色彩艳丽、光洁度高、颜色均匀一致、抗压耐磨、韧性好、结构致密、坚固耐用、密度小、不吸水、耐侵蚀风化、色差小、不褪色、放射性低等优点。同时，它具有资源综合利用的优势，在环保节能方面具有不可低估的作用，因此是名副其实的绿色环保建材产品，已成为现代建筑首选的饰面材料。

图 1-2-14　人造石材

 思考与练习

一、思考题

　　1. 天然石材是如何开采出来的?

　　2. 影响木材等级的要素有哪些?

找一找

日常生活中的园林工程材料。

二、技能训练题

　　请结合某庭院景观图(见图 1-2-15),列举其中不同的硬质施工材料。

图 1-2-15　某庭院景观图

任务3 园林种植施工材料验收

 **学习目标**

1. 能正确识别乔木、灌木、藤本、花卉等园林绿化材料。
2. 能根据图纸要求对乔木、灌木、藤本、花卉等园林绿化材料进行验收。
3. 能对照绿化施工图纸，正确识读苗木统计表。
4. 能根据相关规范要求，对园林绿化材料进行质量把控。
5. 在验收过程中，逐步培养一丝不苟、严谨细致的职业素养。

 **情景任务**

在任务1和任务2中，已经经历了园林施工图识读、园林硬质施工材料验收等工作。在进行庭院绿化施工前，施工人员还需要完成绿化材料的验收。主要任务是根据苗木统计表，对绿化材料的品种、数量和质量等方面进行验收，以便进行下一步的施工环节。

 **思路与方法**

对园林种植施工材料进行验收前，不仅需要了解园林种植施工材料的类型，还需要了解苗木统计表的内容组成。验收时，须严把苗木质量关。

一、园林种植施工材料有哪些类型？

常见的园林景观要素基本分为两大类：一类是硬质的景物，如铺地、墙体、栏杆、景观构筑等，通常是人造的或人为加工的，称为硬质景观；另一类是软质的景物，如水体、植物、和风、细雨、天空、阳光等，通常是自然的或有生命的，称为软质景观。

植物作为园林造景中重要的构成要素，又称为园林种植施工材料。按其生物学特性，可以分为乔木、灌木、藤本、花卉（草本或木本）、水生植物、棕榈类植物、草坪等。植物造景是指以自然乔木、灌木、藤本、

查一查

造景时，园林植物的哪些美学特性可以被展现。

31

花卉等植物群落的种类、结构、层次和外貌为基础，通过艺术手法进行创作，充分发挥其形体、线条、色彩等自然美，让人产生一种实在的美的感受和联想。

看一看

图 1-3-1 中的这些植物属于哪种植物类别？你认识这些植物吗？

图 1-3-1　不同类别的植物

二、苗木统计表由哪些内容组成？

苗木统计表用来统计项目中所用到的所有苗木的品种、规格、数量及其他特殊要求。以本套庭院景观施工图的苗木统计表为例，包括序号、图例、品种、规格、密度、数量和备注（见表 1-3-1）。

想一想

仔细观察表 1-3-1，你能理解苗木统计表中每部分所对应的内容吗？

表 1-3-1　苗木统计表

序号	图例	品种	规格				密度（株/平方米）	数量	备注
			高度	蓬径	胸径	地径			
1		红花檵木球	120	100				3 株	球形饱满
2		红枫	150	120		5—6		2 株	姿态佳，多级分叉
3		龟甲冬青球	60	60				1 株	球形饱满
4		杜鹃球	50	50				4 株	球形饱满

（续表）

序号	图例	品种	规格				密度（株/平方米）	数量	备注
			高度	蓬径	胸径	地径			
5		瓜子黄杨球	60	30				4 株	球形饱满
6		茶梅球	60	35				10 株	球形饱满
7		金森女贞球	60	50				3 株	
8		银叶菊	20	15			36	1 m²	
9		金丝桃	20	15			36	1 m²	
10		夏鹃	20	15			36	2.5 m²	
11		四季草花	10					3.5 m²	满铺
12		鸢尾	25	20			36	1 m²	
13		草坪						15 m²	

查一查

乔木、灌木、花卉、草坪等不同类别的植物都用哪些词语来描述规格。

想一想

为什么苗木统计表中有许多规格指标空缺？不同类型的植物有哪些规格指标？

表 1-3-2　苗木统计表的构成部分及对应内容和编制要求

序号	构成部分	对应内容和编制要求
1	序号	用数字给植物排序，通常按照乔木—灌木—地被—草皮，也就是从上到下的顺序进行排序
2	图例	图纸中的每一种植物都对应一种图例，在同一张图中图例不能重复。假设用一种图例来表示红枫，那么这种图例就不能再表示其他植物了，同时这张图纸中所有的红枫也都要使用这种图例进行绘制
3	品种	植物的名称一般为植物的品种名，要求精细的也可用植物的品种名或商品名表示
4	规格	描述植物的规格一般用高度（H）、蓬径（P）、胸径（φ）、地径（D）等表示，单位为厘米（cm），不同类型的植物可用不同的词语进行描述

（续表）

序号	构成部分	对应内容和编制要求
5	密度与数量	种植密度一般为多少株/平方米，数量一般为多少株、丛等
6	备注	备注是指需要特别标注的事项，如对植物产地、株型、花色等的要求

三、苗木统计表中植物规格的具体指标是什么？

想一想

植物规格指标具体对应哪些内容？

生活中的身体检查常常会用到一些和身体有关的指标，如身高、体重、坐高等，那么植物的规格也要用具体指标来界定，如图 1-3-2 所示，分别是高度、胸径、地径和蓬径。

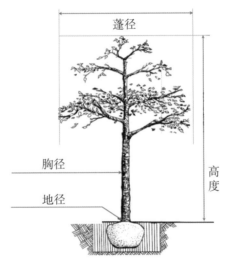

图 1-3-2　植物规格指标示意图

在图 1-3-2 中，容易混淆的是胸径和地径这一组指标。胸径是指距地面 1.3 m 处树干的直径；地径是指距地面 0.2 m 处树干的直径。

通过观察表 1-3-1 可知，高度和蓬径作为通用指标，大部分的植物品种都需要填写。其他指标则可以根据棕榈类植物、乔木、花灌木、灌木（丛生、球类）等不同类型进行填写。

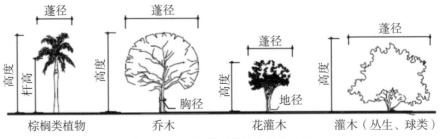

图 1-3-3　不同类型的植物规格指标

四、验收时如何把关苗木质量？

做好完善的植物材料质量鉴定是为了保障植物材料的质量满足设计要求，有助于高质量地完成绿化种植施工。

对苗木质量进行把关主要包括三个步骤：一看外形，二量规格，三量土球。

一看外形：观察植物的外观形态是否树冠饱满、长势健壮无徒长；树干无蛀干性害虫侵扰，无虫眼、虫囊、虫卵，被食叶性害虫啃食的叶片所占比例不超过5%，其他叶片无病虫害；无皮伤，无断枝，无树干弯曲断头，无干叶失水发热等。苗木统计表的备注中有特别要求的，如主杆挺直、树冠均匀、姿态独特、球形饱满等，这些都是重要的验收内容。

二量规格：严格按照设计图纸规定的苗木规格指标进行定量测量，如测量绿化材料的高度、蓬径，看是否与苗木统计表中要求的数据一致。如果发现低于规格的指标要求，应及时提出。

想一想

你知道有哪些常见的植物病虫害及其防治措施吗？

查一查

园林工程中，植物验收时允许的偏差是多少。

查一查

园林工程中有哪些土球包扎方法，过程中需要用到哪些工具。

查一查

园林种植施工材料运输过程中有哪些保护措施。

想一想

园林工程中的草皮、草籽有什么优缺点？在实际运用中应如何选择？

图 1-3-4　现场测量图

三量土球：除了检查植物的地上部分外，下部根系的土球也是十分重要的验收内容。要求裸根苗不劈裂，根系完整，切口平整；同时，土球的完整度也非常重要，因为这与植物根系的完整健康息息相关；要求土球外观包装牢靠，用网布裹缠紧实或用草绳绑扎，无松散现象。在观察其外观的基础上，还要检查土球的大小，进行定量测量。

一般规定保证树木健康生长的最小球径如下：

乔木——土球直径按胸径的8—10倍计算；

灌木或亚乔木（如丛生桂花）——土球直径按根丛周长的1.5倍计算。

验收植物材料时，苗木的土球大小必须不小于对应的最小球径。

树木土球井字式包扎

树木土球橘子式包扎

图 1-3-5　树木土球包扎

表 1-3-3　园林种植施工材料验收流程

验收内容	验收要求	验收示例	注意事项
核对苗木统计表	根据图纸内容，核对苗木统计表，列出苗木验收清单		清单要详细、清楚，不要有遗漏
乔木验收	现场验收乔木的品种、规格、数量、土球大小、生长状况等		严格遵守验收原则：一看外形，二量规格，三量土球
灌木和灌木球验收	现场验收灌木和灌木球的品种、规格、数量、土球大小、生长状况等		严格遵守验收原则：一看外形，二量规格，三量土球

（续表）

验收内容	验收要求	验收示例	注意事项
花卉验收	现场验收花卉的品种、规格、数量、生长状况等		验收后未种植前要注意及时浇水养护
草皮验收	现场验收草皮的品种、规格、数量、生长状况等		对于草皮卷、草皮块，应及时打开通风，防止烧苗
其他种植材料验收	现场验收种植土、土壤覆盖材料、种植工具等		辅材要符合工程质量要求

图 1-3-6 园林工程中的苗木运输

查一查

园林工程中常见的苗木运输方法和设备。

图 1-3-7 园林工程中的草皮

 总结评价

参照世界技能大赛园艺项目评价办法,本任务评价采用客观分评价方式,分为七个评价项目,共计 100 分(见表 1-3-4)。

想一想

失分的原因出在哪个环节?应该如何对知识点进行查漏补缺?

表 1-3-4　客观分评价表

序号	评价项目	评分标准	规定或标准值	结果或实际值	分值	得分
1	苗木统计表的构成	能完整、正确地说出苗木统计表的构成。漏掉一项扣2分,错误一项扣2分,扣完为止	六大项		10分	
2	识读苗木统计表	能完整、正确地说出苗木统计表中每一项的对应内容。漏掉一项扣2分,错误一项扣2分,扣完为止	六大项七个概念		15分	
3	识读苗木规格指标	能完整、正确地说出苗木规格指标及其概念。漏掉一项扣2分,错误一项扣2分,扣完为止	四个指标		15分	
4	辨析不同类型的植物规格指标	能完整、正确地说出不同类型的植物所要标注的规格指标。漏掉一项扣2分,错误一项扣2分,扣完为止	四大类		10分	
5	识别并核对现场植物材料的品种	对照苗木统计表,识别并核对植物材料的品种。漏掉一种扣2分,错误一种扣2分,扣完为止	十三种		15分	
6	核查现场植物材料的数量	对照苗木统计表,核查植物材料的数量。漏掉一种扣2分,错误一种扣2分,扣完为止	十三种		20分	

（续表）

序号	评价项目	评分标准	规定或标准值	结果或实际值	分值	得分
7	验收现场植物材料的质量	对验收现场的植物材料进行抽查，发现一个规格项不合格扣5分，扣完为止	十三种		15分	
合计					100分	

比一比

检索并观看园林种植施工材料验收相关视频，比较一下你与视频中技术人员验收种植施工材料的步骤有哪些异同之处。

 拓展学习

常用植物修剪技术

对植物进行正确的整形修剪，是一项非常重要的养护管理技术。它可以调节植物的生长与发育，创造和保持合理的植株形态，构成有一定特色的园林景观。对于植物，常强调"三分种，七分管"。

修剪的基本方法有"截、疏、伤、变、放"五种，实践中应根据修剪对象的实际情况灵活运用。

查一查

除了拓展学习中介绍的植物修剪技术外，还有哪些植物修剪方法。

1. 截

截是将乔灌木的新梢、一年生或多年生枝条的一部分剪去，以刺激剪口下的侧芽萌发，抽发新梢，增加枝条数量，多发叶多开花。它是乔灌木整形修剪最常用的方法。

下列情况要用截的方法进行修剪：

（1）规则式或特定式的整形修剪，常用短剪进行造型及保持冠形；

（2）为使观花观果植物多发枝以增加花果量时常用此方法；

图 1-3-8　修剪植物

查一查

树木移植的全株式修剪、骨架式修剪和截干式修剪分别在哪些情况下使用。

想一想

如果对较粗的植物枝条进行修剪,可以采取哪些处理方式让伤口愈合得较快?

（3）冠内枝条分布及结构不理想,要调整枝条的密度比例,改变枝条生长方向及夹角时常用此方法;

（4）需要重新形成树冠时常用此方法;

（5）老树复壮时常用此方法。

2. 疏

疏又称疏剪或疏删,即把枝条从分枝点的基部全部剪去。这种方法主要是疏剪内膛过密枝,减少树冠内枝条的数量,使枝条均匀分布,为树冠创造良好的通风透光条件,减少病虫害,促使枝叶生长健壮,有利于花芽分化和开花结果。

（1）疏剪的要求:为落叶乔木疏枝时,剪口应与着生枝平齐,不留枯桩;为灌木疏枝时,要齐地皮截断;为常绿树疏剪大枝时,要留1—2 cm的木桩,剪口方向要与生长方向垂直。

（2）疏剪的对象:主要是病虫枝、伤残枝、干枯枝、内膛过密枝、衰老下垂枝、重叠枝、并生枝、交叉枝以及干扰树形的竞争枝、徒长枝、根蘖枝等。

（3）疏剪的强度:可分为轻疏（疏枝量占全树枝条的10%或以下）、中疏（疏枝量占全树枝条的10%—20%）、重疏（疏枝量占全树枝条的20%以上）。疏剪强度依植物的种类、生长势和年龄而定。

① 萌芽力和成枝力都很强的植物,疏剪的强度可大些。

② 萌芽力和成枝力较弱的植物,少疏枝,如雪松、梧桐等应控制疏剪强度或尽量不疏枝。

③ 幼树一般轻疏或不疏,以促进树冠迅速扩大成形。

图 1-3-9 萌芽力较强的植物修剪

④ 花灌木类宜轻疏，以提早形成花芽并开花。

⑤ 成年树生长与开花后进入旺盛期，为调节营养生长与生殖生长的平衡，可适当中疏。

⑥ 衰老期的植物枝条有限，疏剪时要小心，只能疏剪必须要疏除的枝条。

3. 伤

伤是指用各种方法损伤枝条，以缓和树势以及削弱受伤枝条的生长势，如环剥、刻伤、扭梢、折梢。伤主要是在植物的生长季进行。

4. 变

改变枝条生长方向，控制枝条生长势的方法称为变。比如，用曲枝、拉枝、抬枝等方法，将直立或空间位置不理想的枝条引向水平或其他方向，这样可以使枝条开张角度变大，使顶端优势转位、加强或削弱。

5. 放

放又称缓放、甩放或长放，即对一年生枝条不作任何短截，任其自然生长。利用单枝生长势逐年减弱的特点，对部分生长势中等的枝条长放，下部易出现中枝、短枝，停止生长早，同化面积大，光合产物多，有利于花芽形成。

（1）幼树、旺树常以长放缓和树势，促进提早开花、结果。

（2）长放用于中庸树、平生枝、斜生枝效果更好，而幼树骨干枝的延长枝或背生枝、徒长枝不能长放。

（3）弱树也不宜多用长放。

查一查

植物处于生长期时有哪些修剪技术。

查一查

上海市市花白玉兰的修剪技术要点。

图 1-3-10　白玉兰盛花期

思考与练习

试一试

请你试着修剪
自家阳台上的
盆栽花卉。

一、思考题

1. 绿化施工前常会对土壤进行检测，那么符合种植要求的健康土壤有哪些具体指标？什么情况下需要改良或者更换土壤？

2. 如果验收时发现施工现场的植物叶片有如图 1-3-11 所示的症状，这些植物能验收吗？你知道它们属于哪种病虫害吗？

图 1-3-11　施工现场有病虫害的植物叶片

二、技能训练题

准备好测量和记录工具，实地测量校园植物规格，并完成下表。

表 1-3-5　植物规格表

序号	植物名称	植物类别	植物规格（单位：cm）						
			高度	蓬径	冠幅	地径	胸径	密度	其他
1		乔木							
2		花灌木							

（续表）

序号	植物名称	植物类别	植物规格（单位：cm）						
			高度	蓬径	冠幅	地径	胸径	密度	其他
3		灌木球							
4		花卉							
5		草坪与地被植物							
6		藤本植物							
7		棕榈类植物							
8		其他							

议一议

同种校园植物中哪些生长速度快，哪些生长速度慢？为什么？

任务4 园林工程施工组织

 学习目标

1. 能根据施工图纸和施工内容,进行施工材料、机械、工具、施工人员等方面的准备。
2. 能做好安全防护工作,正确穿戴个人防护用品。
3. 能在施工开始前对所需的园林机具进行正确选用。
4. 能对常见的园林机具进行日常维护。
5. 在施工准备过程中,能关注人身和环境的防护以及安全隐患的排除。

 情景任务

在完成了园林施工图识读、园林硬质施工材料验收和园林种植施工材料验收工作后,园林工程进入施工准备阶段。作为施工人员,要按照庭院景观施工图,结合施工场地实际情况,做好开工前和各施工阶段前的准备工作,确保工程能顺利进行。

 思路与方法

进行庭院景观施工的前期准备,不仅需要了解施工准备的主要类型、主要内容和注意事项,还需要熟悉施工所需机械、工具等的种类和使用方法。

一、什么是施工准备?

查一查

如果没有做好充分的施工准备,会出现什么后果。

施工准备是指为园林工程的施工创造必要的物资条件,安排施工力量,特别是进行施工所需机械、工具的准备,部署施工现场,确保施工顺利进行。

施工准备能创造有利的施工条件,保证施工能又快、又好、又省地进行。对优质的工程项目来说,前期的施工准备显得尤为重要,因为它既是工程建设能顺利完成的战略措施和重要前提,也是顺利完成工程建设任务的关键。施工准备要有组织、有计划、有步骤、分阶段地贯穿整个工程建设的始终。认真、细致地做好施工准备，在充分发挥各方面积极因素的作用、合理利用资源、加快施工速度、提高工程质量、确保施工安全、降低工程成本及获得较好经济效益等方面具有重要作用。

二、施工准备包含哪些内容?

施工准备的内容视工程项目而异，有的比较简单，有的十分复杂。施工准备大致包含以下内容：技术准备、人员准备、安全防护、物资准备、施工现场准备、施工场外协调等。

三、如何进行技术准备?

1. 熟悉施工图纸和相关材料

熟悉施工图纸可以保证能按照设计图纸的要求进行施工。本项目的施工图纸一共包括15项，分别是施工说明，总平面图，平面索引图，尺寸标注图，平面定位图，竖向标高图，绿化种植图，水电平面图，花坛、汀步、花岗石铺装详图，花岗岩平台、块石景墙详图，台阶、水景、木质座凳详图，木质平台详图，立体绿化景墙详图，苗木统计表，材料总表。施工人员需要一一进行仔细识图。

2. 现场调查

现场调查主要包括确认施工位置和地上、地下障碍物，掌握地区特点等内容。

3. 编制施工组织设计

施工组织设计是指用来指导施工项目全过程中各项活动的技术、经济和组织的综合性文件。它是施工技术与施工项目管理有机结合的产物，能保证工程开工后施工活动有序、高效、科学、合理地进行。

四、如何进行人员准备?

人员准备就是劳动组织准备，主要包括：（1）施工项目需要一定数量的管理人员，管理人员应是有经验的专业人员；（2）有能进行现场施工指导的专业技术员；（3）各工种要有熟练的技术工人，并应当进行相关的入场教育。

五、如何进行安全防护准备?

安全防护主要是要求施工人员根据需求正确选择和使用个人与

想一想

本施工案例中，应该确认的地上、地下障碍物有哪些内容?

环境防护用品。在本项目中，施工人员需要穿戴必要的个人安全防护用具，包括防噪耳塞、防尘口罩、护目镜、防护手套、护膝和防护鞋等（见表 1-4-1）。

想一想

个人防护用品有哪些？应如何正确穿戴？

表 1-4-1 常用安全防护用具

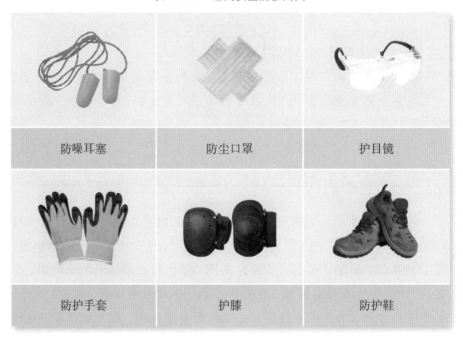

防噪耳塞	防尘口罩	护目镜
防护手套	护膝	防护鞋

六、物资准备包含哪些内容？

物资准备主要包括施工材料准备、施工工具准备、施工机械准备等。

1. 施工所需的工程材料要根据项目施工要求和图纸分析确定并准备。本施工案例中所需的工程材料包括水泥、黄沙、花岗岩板石、花岗岩块石、防腐木等。

2. 施工所需的工具要根据项目施工要求和图纸分析确定并准备。本施工案例中所需的工具包括钢卷尺、直角尺、砖刀等（见表 1-4-2）。

想一想

本项目所需的各种工具，你都会使用吗？应该了解哪些注意事项？

表 1-4-2 常用施工工具

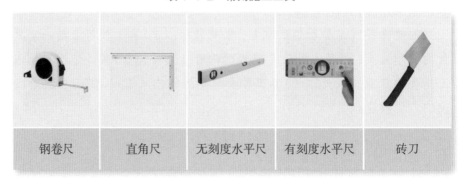

钢卷尺	直角尺	无刻度水平尺	有刻度水平尺	砖刀

（续表）

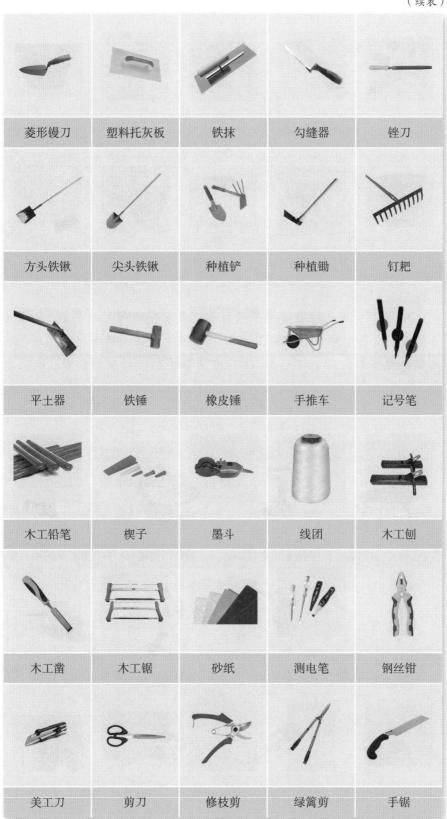

菱形镘刀	塑料托灰板	铁抹	勾缝器	锉刀
方头铁锹	尖头铁锹	种植铲	种植锄	钉耙
平土器	铁锤	橡皮锤	手推车	记号笔
木工铅笔	楔子	墨斗	线团	木工刨
木工凿	木工锯	砂纸	测电笔	钢丝钳
美工刀	剪刀	修枝剪	绿篱剪	手锯

比一比

检索并观看个人防护相关视频，比较一下你与视频中技术人员穿戴防护用品的步骤有哪些异同之处。

查一查

本项目中每种施工工具的使用方法、保养维护方法及注意事项。

（续表）

| 灌溉工具 | 铝合金刮条 | 木桩 | 夯土器 | 灰桶 |
| 水桶 | 洒水壶 | 喷壶 | 水勺 | 清洁用具 |

3. 施工所需的设备要根据项目施工要求分析确定并准备，包括设备数量、设备型号等。本施工案例中所需的设备包括激光水准仪、手持充电钻等（见表1-4-3）。每一种设备均要做好有效保养，确保能用、好用。

想—想

本项目所需的各种设备，你都会使用吗？应该了解哪些注意事项？

表1-4-3　常用施工设备

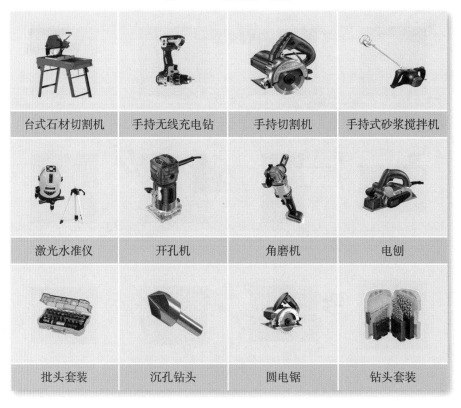

台式石材切割机	手持无线充电钻	手持切割机	手持式砂浆搅拌机
激光水准仪	开孔机	角磨机	电刨
批头套装	沉孔钻头	圆电锯	钻头套装

七、手持切割机的操作要点和注意事项是什么？

手持切割机也称石材切割机、云石机，是用来切割石料、瓷砖、木料等材料的机器。手持切割机可通过换装不同的锯片来切割不同材质的物品。

1. 操作要点

（1）使用前对电源线、开关、锯片、锯片固定螺丝、防护罩等一切存在不安全因素的地方进行检查。夜间作业时，应有足够的照明。

（2）穿好工作服，戴好护目镜。

（3）注意检查砂轮是否磨损，若出现多处缺损或破裂则需要更换新砂轮。检查螺丝是否松动，若松动则需要顺时针旋转拧紧。

（4）插上插头，接通电源，握住手持切割机手柄，将黑色开关推至顶部，砂轮开始旋转，待其稳定后（大约 3—5 秒）再进行切割。

（5）切割时，一手握住被切割物品，一手拿切割机自右向左或自左向右平推，进行切割。

（6）操作完成后，关闭切割机开关，断开电源，清理工作环境。

2. 注意事项

（1）插插头时，禁止湿手操作。

（2）打开开关之后，要等待砂轮转动稳定后才能工作。

（3）切割时，一定要戴护目镜，避免切割碎片飞入眼中，导致安全事故。

（4）切割时，切割方向不能向着人。

（5）切割时，不能戴手套操作。

（6）切割时，手与切割机砂轮要保持一定的安全距离，不得小于 3 cm。

（7）连续切割半小时后，必须休息 10—15 分钟。

（8）切割操作时，工作人员的头发不能过长，超过 30 cm 的就要将头发扎起或戴头套后才能进行工作。

（9）切割 1 小时后，必须检查切割机砂轮磨损情况和螺丝是否松动。

（10）维修或更换配件前必须先切断电源，并等锯片完全停止后再进行操作。维修完成后，一定要把防护罩装回原位。

（11）若发现有不正常的声音，应立即停止作业，并通知专业维修人员进行检查或维修，以免发生意外事故。

八、激光水准仪的操作方法和注意事项是什么？

激光水准仪是指将激光装置发射的激光束导入水准仪的望远镜筒

查一查

其他施工设备的操作要点和注意事项。

内，使其沿视准轴方向射出的水准仪。

1. 调整仪器

（1）将仪器放置在基准平面或脚架上。

（2）开机后，如果激光闪烁报警，就要调整仪器的位置或微调脚架，使仪器安放面趋于水平。

（3）通过摇动手柄或升降脚架来调整仪器架设高度。

（4）如果激光线较暗或明亮不一，就要检查光线出口，如有污垢，请用棉签浸上酒精后擦拭干净。

2. 操作方法

（1）把开关旋转到"ON"位置，即解除锁紧状态，开启电源，此时水平激光线与垂直激光线将点亮并投射在目标上。

（2）在水平方向旋转仪器，使垂直激光线落在所需要的位置。

（3）操作完毕后，关闭电源，把开关旋转到"OFF"位置，否则会影响精度。

注意事项

当需要长距离运输仪器或者需要将移动仪器放入包装箱内时，应将开关旋转到"OFF"位置。

3. 维修与保养

（1）请小心使用并妥善保管仪器，避免因强烈震动或跌落而损坏仪器。

（2）移动或运输仪器前，请将旋钮开关置于锁紧状态，避免影响精度。

（3）不要尝试打开仪器，因为不专业的拆动将会损坏仪器。

（4）仪器在使用及存储过程中既不可浸水，也不可长时间放置在雨中或潮湿区域。

想一想

除了激光水准仪外，还有哪些用于定位放样的水准仪？这些水准仪要怎么操作？

（5）保持激光输出窗清洁，定期用洁净的软布或沾过酒精的棉签擦拭干净。

（6）若长期不用则应取出电池，将仪器放在仪器箱或软包内，并置于通风干燥的房间内。

4. 安全使用

（1）不要直视激光光束。

（2）激光标记输出位于输出孔处。

（3）不要拆开仪器进行内部维修，只能通过授权维修中心才能进行维修。

（4）仪器一般符合激光辐射安全等级标准。

九、施工现场准备包含哪些内容？

1. 清除障碍物。施工场地内的一切障碍物，无论是地上的还是地下的，都要在开工前清除，如房屋、电线、电缆、水管、煤气管道等。

2. 完成"七通一平"。施工场地不仅要做到"七通"，即路通、给水通、排水通、排污通、电力通、电信通、燃气通，还要做到"一平"，即场地平整。

3. 搭建临时设施，如工地办公室、监理办公室、仓库、工人宿舍和食堂等临时建筑。

想一想

针对上海市区进行园林施工"七通一平"时，哪些方面可能会遇到阻力？可以怎么解决？

 **活动**

活动一：个人防护用品准备与穿戴

表 1-4-4 个人防护用品准备与穿戴流程

工作环节	工作内容	工作示例	注意事项
防护用品准备	根据需要，准备好所需的各种个人防护用品。工作服、工装鞋、安全帽要清洗干净；防护耳罩、防护眼罩、防护手套、护膝要及时检查和更换；防护口罩要一用一换		注意检查并确认防护用品
防护用品穿戴	按照顺序穿戴防护用品：（1）戴帽子；（2）戴口罩，按紧鼻夹；（3）穿工作服；（4）穿工装鞋；（5）穿护膝；（6）戴耳罩；（7）戴眼罩；（8）戴手套		一定要注意穿戴顺序和穿戴后的检查

活动二：施工材料准备

表 1-4-5　施工材料准备流程

工作环节	工作内容	工作示例	注意事项
施工材料的规格统计	按照施工要求和设计图纸，统计各种施工材料的种类、数量、尺寸和规格，做好统计表格		施工材料的种类、数量、尺寸和规格不能统计错误或遗漏，以免耽误施工进度
施工材料的准备和堆放	按照统计数据，采购和准备各种施工材料，并按照不同种类进行分类堆放		施工材料的入场顺序应与施工顺序一致，注意分类堆放

活动三：施工工具准备

表 1-4-6　施工工具准备流程

工作环节	工作内容	工作示例	注意事项
施工工具的规格统计	按照施工要求和设计图纸，统计各种施工工具的种类、数量、尺寸和规格，做好统计表格		施工工具的种类、数量、尺寸和规格不能统计错误或遗漏，以免耽误施工进度
施工工具的准备和堆放	按照统计数据，采购和准备各种施工工具。逐一试用工具，熟悉工具的使用方法，确保好用。最后，按照不同种类将施工工具有序地收入工具箱		施工工具的入场顺序应与施工顺序一致，注意分类摆放

活动四：施工设备准备

表 1-4-7　施工设备准备流程

工作环节	工作内容	工作示例	注意事项
施工设备的规格统计	按照施工要求和设计图纸，统计各种施工设备的种类、数量、尺寸和规格，做好统计表格		施工设备的种类、数量、尺寸和规格不能统计错误或遗漏，以免耽误施工进度

（续表）

工作环节	工作内容	工作示例	注意事项
施工设备的准备和堆放	按照统计数据，采购和准备各种施工设备。逐一试用设备，熟悉设备的使用方法，确保好用。最后，按照不同种类将施工设备有序摆放		施工设备的入场顺序应与施工顺序一致，注意分类摆放，防尘、用水、垃圾收集等设施要与之配套

活动五：质量检查与清理现场

表 1-4-8 质量检查与清理现场流程

工作环节	工作内容	工作示例	注意事项
个人防护用品穿戴与复核	检查穿戴是否齐全和正确，用品是否完好，等等		发现问题时，应及时采取调整措施
施工材料复核	清点施工材料的种类、数量、尺寸和规格		发现问题时，应及时采取调整措施
施工工具复核	清点施工工具的种类、数量、尺寸和规格，并检查工具的完好情况		发现问题时，应及时采取调整措施
施工设备复核	清点施工设备的种类、数量、尺寸和规格，并调试设备，检查备用零件		发现问题时，应及时采取调整措施
场地清理	清理现场		检查和打扫场地

总结评价

参照世界技能大赛园艺项目评价办法，本任务评价采用客观分评价方式，分为七个评价项目，共计 100 分（见表 1-4-9）。

想一想

失分的原因出在哪个环节？应该如何改进和提升？

园艺

表 1-4-9　客观分评价表

序号	评价项目	评分标准	规定或标准值	结果或实际值	分值	得分
1	个人防护用品准备	能正确地选择施工所需的 9 种个人防护用品。选择错误一种扣 2 分，漏掉一种扣 2 分，扣完为止	9 种		10 分	
2	个人防护用品穿戴	能完整、正确地穿戴施工所需的 9 种个人防护用品。穿戴错误一种扣 2 分，漏掉一种扣 2 分，扣完为止	9 种		20 分	
3	核查施工材料的种类	根据施工要求，核查本项目所需的各类施工材料的种类。漏掉一种扣 2 分，错误一种扣 2 分，扣完为止	种植施工材料 13 种，硬质施工材料 17 种		10 分	
4	核查施工工具的种类	根据施工要求，核查本项目所需的各类施工工具的种类。漏掉一种扣 2 分，错误一种扣 2 分，扣完为止	46 种		10 分	
5	验收施工工具的质量	逐一试用本项目所需的施工工具，确保好用。漏掉一种扣 2 分，操作错误一种扣 2 分，扣完为止	46 种		20 分	
6	核查施工设备的种类	根据施工要求，核查本项目所需的各类施工设备的种类。漏掉一种扣 2 分，错误一种扣 2 分，扣完为止	12 种		10 分	

（续表）

序号	评价项目	评分标准	规定或标准值	结果或实际值	分值	得分
7	验收施工设备的质量	逐一试用本项目所需的施工设备，确保好用。漏掉一种扣 2 分，操作错误一种扣 2 分，扣完为止	12 种		20 分	
合计					100 分	

 拓展学习

一、园林施工中还会用到哪些工具

在其他的园林施工项目中，除了用到本任务中列出的常用工具外，还可能会用到三角尺、三角板等工具（见表 1-4-10）。

表 1-4-10　园林施工工具

三角尺	三角板	折叠尺	角度尺	塞尺
数显水平尺	圆头抹子	铅锤	工兵铲	铁凿
钳工锤	尖头钳	斜嘴钳	手板锯	木工夹具

列一列

在施工现场中，还有哪些其他的园林施工工具，请列一列。

二、园林施工中还会用到哪些设备

在其他的园林施工项目中,还可能用到瓦石锯、打夯机等设备(见表1-4-11)。

表 1-4-11　园林施工设备

| 瓦石锯 | 打夯机 | 复合斜切锯 | 曲线锯 | 旋刀割草机 |

查一查

其他常用的园林施工设备的操作要点和注意事项。

以旋刀割草机为例,其操作要求主要有以下几点。

1. 检查机油、汽油是否正常,检查刀盘等机器部位是否正常。如有不正常,应处理后才能使用,并做好用前记录。

2. 依照不同机器的使用说明调节机器的剪草高度。

3. 清除剪草区域内的石块及杂物,将工作区域内的无关人员劝离。

4. 冷机启动时,先关闭风门,然后将油门加到低挡位,拉动启动绳,启动后再打开风门。

5. 加油直到机器运转正常后再合上离合开始剪草。

6. 剪草结束后,先松开离合,再将油门调至停止挡。

7. 待机器刀盘完全停止运转后,方可清理机身内外草渣,用水将机器冲洗干净。

8. 检查清洁空气滤清器及机油。

9. 机器使用完毕后入仓保管,并填写《机器使用登记表》。

 思考与练习

一、思考题

1. 个人防护用品包括哪些装备,分别发挥什么作用?如果缺失或损坏,会造成什么后果?

2. 如何正确启动和操作常见的园林施工设备,如激光水准仪、石材切割机、木材斜切锯等?

二、技能训练题

尝试自己穿戴一下个人防护用品,总结一下穿戴过程中有哪些注意事项。

模块二

定位放线及
地形施工

经过识读园林施工图纸，与设计师及业主沟通并确认设计意图，以及完成施工准备等环节后，就进入了具体的场地施工环节。

在场地施工环节，首先，按照设计图纸，把图纸中的施工模块在施工场地中进行定位放线，并用定位桩或灰粉等作标志，以备后面具体施工时参考使用；其次，定位放线后，即可进入土方与地形工程施工环节。定位放线及地形施工是其他现场施工模块的基础工序，可根据项目的实际情况决定操作的繁复程度，在大型园林项目中尤为重要。

在世赛园艺项目竞赛中，本模块非单独考核，但能为硬质景观施工和绿化种植施工打下基础。如果一种景观定位出错，就可能导致所有相邻景观模块都跟着出错，甚至出现无法完成施工的问题。

图 2-0-1　施工现场定位放样　　图 2-0-2　土方与地形工程施工

图 2-0-3　园林中的微地形

任务 1　施工现场定位放样

 学习目标

1. 能按照设计图纸所绘的施工尺寸进行定位放样。
2. 能根据需求对设计图纸中各部分内容进行理解和分析。
3. 能根据定位放样的实施流程准确实施定位放样。
4. 能遵守园林工程施工操作规范，进行工作场地的整理和清洁。
5. 在施工过程中，培养认真负责的工作态度和注重安全、环保的职业素养。

 情景任务

在模块一中，已经完成了园林施工图识读和施工前的准备工作，接下来就要开始进行园林施工的定位放样。本任务要按照项目的庭院景观施工图各施工模块的位置和尺寸等要求进行定位放样。其中，庭院施工场地的规格是 7 m×7 m。各施工模块的位置和类型详见平面索引图 LP-02，各施工模块的尺寸详见尺寸标注图 LP-03。在本任务中，定位放样采用方格网法，用木桩定点、白灰撒线。

 思路与方法

进行施工现场定位放样前，施工人员不仅要了解各施工模块的详细尺寸和位置，还要了解定位放样所用材料和放线流程，并根据定位放样的特点进行施工和复核。

一、什么是定位放样？

定位放样是指根据图纸上的设计方案，在现场测出硬质景观、苗木栽植等施工模块的位置，通过准确地定位放线来体现设计意图，达到园林工程所要求的效果。

想一想

定位放样有哪些作用？如果定位不准，可能会造成什么后果？

查一查

除了用方格网法定位放样外，还有哪些定位放样的方法，这些方法的优缺点各是什么。

二、定位放样的准备工作有哪些？

小型园林工程中，定位放样常采用方格网法，准备工作主要有以下三点。

1. 了解设计意图。通过全面详细的技术交流，施工人员可以了解设计意图以及施工中需要特别注意的问题，从而在定位放样前对整个工程设计有一个全面的了解。

2. 勘查现场。遵循"由整体到局部，先控制后局部"的原则，进行施工现场勘查，了解施工区域的地形，考察设计图纸与施工现场的差异，确定定位放样的方法。

3. 清理场地。在施工工地范围内，凡是有碍于工程开展或影响工程稳定的地面物（如碎石块、垃圾）或地下物，都需要清除干净。

三、各施工模块定位放样的先后顺序是怎么确定的？

一般情况下，定位放样的顺序是：（1）硬质建筑物；（2）硬质道路；（3）其他硬质构造；（4）乔木和花灌木；（5）绿篱和地被植物。

在本项目中，定位放样的具体顺序如下。

1. 根据总平面图和尺寸标注图，确定各施工模块的具体位置。

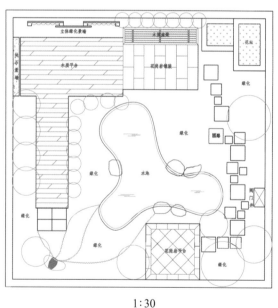

1:30

图 2-1-1　总平面图

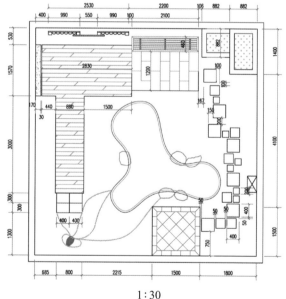

1:30

图 2-1-2　尺寸标注图

2. 确定花坛、块石景墙、立体绿化景墙的位置。

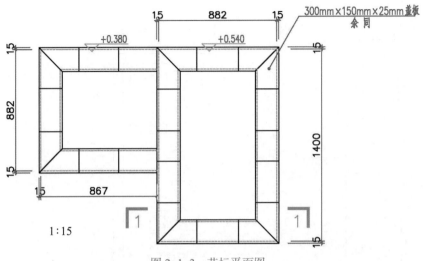

1:15

图2-1-3 花坛平面图

想一想

为什么放线时要先放硬质景观定位,后放植物景观定位?

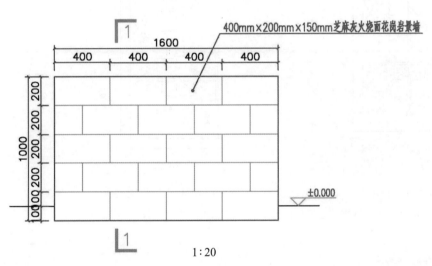

1:20

图2-1-4 块石景墙平面图

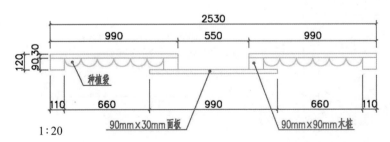

1:20

图2-1-5 立体绿化景墙平面图

3. 确定汀步路、大理石铺装路面、花岗岩铺装平台、水景水池的位置。

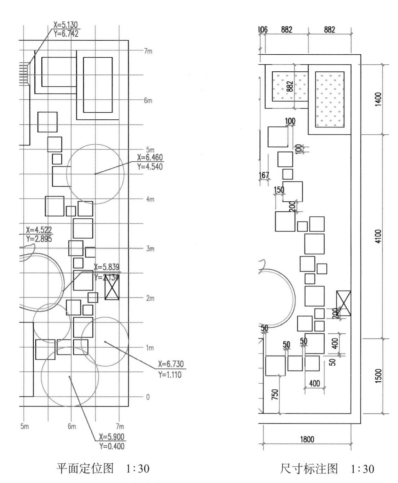

平面定位图 1:30   尺寸标注图 1:30

图 2-1-6 汀步路在平面定位图和尺寸标注图中的位置

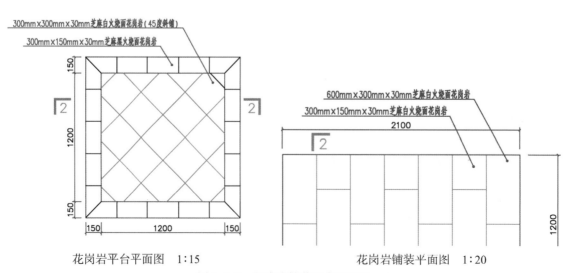

花岗岩平台平面图 1:15   花岗岩铺装平面图 1:20

图 2-1-7 花岗岩铺装平台平面图

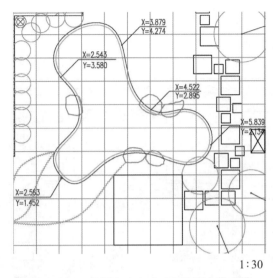

1:30

图 2-1-8 水景水池在平面定位图中的位置

4. 确定木质平台、木质座凳的位置。

想一想

定位放样的施工顺序并不是一成不变的，还可以按照什么顺序进行定位放样？

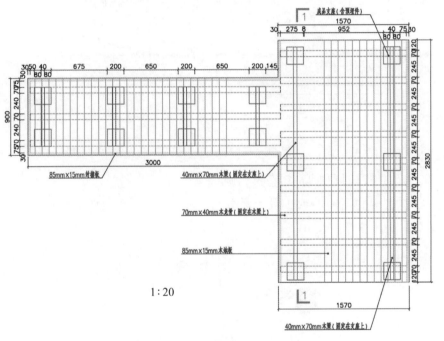

1:20

图 2-1-9 木质平台平面图

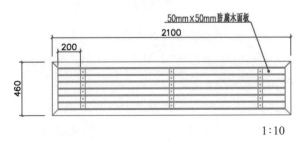

1:10

图 2-1-10 木质座凳平面图

5. 确定园林乔灌木的位置。

6. 确定园林地被植物、草坪的位置。

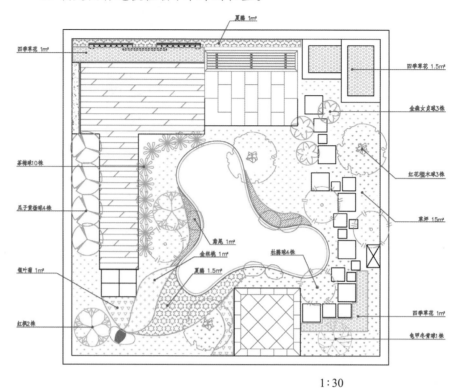

1∶30

图 2-1-11　绿化种植图

想一想
————————
这些工具大家
都会使用吗?
都会维护吗?

四、定位放样所需要的工具有哪些?

定位放样所需要的工具主要包括耙子、铁锹、夯土槌、绳子、卷尺、地钉、滑石粉等。

图 2-1-12　定位放样所需要的工具

五、定位放样的步骤是什么?

定位放样一般包括以下六个步骤。

1. 识图。看懂施工总平面图、尺寸标注图和平面定位图,明晰各施工模块的位置和尺寸。

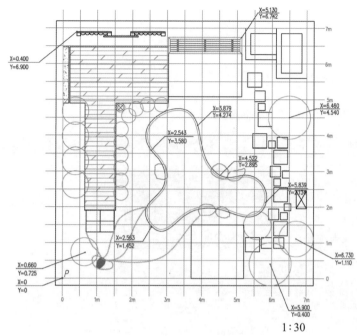

X=5.130
Y=6.742

X=0.400
Y=6.900

X=3.879
Y=4.274

X=6.460
Y=4.540

X=2.543
Y=3.580

X=4.522
Y=2.895

X=5.839

X=2.563
Y=1.452

X=6.730
Y=1.110

X=0.660
Y=0.725

X=0
Y=0

P

X=5.900
Y=0.400

1:30

图 2-1-13 平面定位图

2. 整地。利用耙子、铁锹、夯土槌等工具简单平整土地。

3. 放网格线。将平面定位图上的方格网测设到施工场地上。首先,在场地边线上每隔 1 m 插一个地钉作为定位桩;其次,按照平面定位图把相应两个边线的定位桩用绳子连接起来并拉直,最终在 7 m×7 m 的场地内形成 49 个 1 m×1 m 的方格网线。

4. 定位放样。按照前面所述的施工放样顺序,并依据图纸上的详细尺寸和位置,把硬质施工模块和软质施工模块放样到施工场地中,最后用滑石粉撒线画出各模块的具体形状。

5. 复核检查。定位放样完成后,要比对施工图纸和放样场地,进行仔细检查和复核,确保模块无遗漏、尺寸准确无误。

6. 工完场清。收拾施工场地,清理垃圾,工具归放整齐。

六、每个施工模块的详细施工尺寸需要在这里一起放样吗?

不需要。这里只是对施工总体情况进行定位放样,目的是确定各施工模块的位置。各施工模块的详细施工尺寸可以等到具体进行该模块施工时再进行放样。

七、定位放样的质量要求是什么?

定位放样要求测量准确无误,尺寸准确无误,各施工模块的位置准确无误。

想一想

如果定位放样出现尺寸错误或者遗漏了某个模块,会有什么后果?

提示

地钉可以用砖头代替,绳子缠绕在砖头上即可。

想一想

如果非要把这些详细尺寸也在这里放样,行不行?有什么后果?

活动一：场地安全检查与人员分工

表 2-1-1　场地安全检查与人员分工流程

施工环节	施工内容	施工示例	注意事项
场地安全检查	检查场地周边有无影响施工放线的绳、线、砖、石等，以及可能导致施工人员绊倒、摔跤、触电的设施设备		检查要仔细，做到心中有数
人员分工	确定主读图人员、拉尺拉线人员、标志样式人员等明确分工		人员之间要分工合作

活动二：识图

表 2-1-2　识图流程

施工环节	施工内容	施工示例	注意事项
识图	看懂施工总平面图、尺寸标注图和平面定位图，明晰各施工模块的位置和尺寸		识图要仔细，做到心中有数
确定放样顺序	通过识图，弄清楚各模块的放样顺序：（1）花坛、块石景墙、立体绿化景墙；（2）汀步路、大理石铺装路面、花岗岩铺装平台、水景水池；（3）木质平台、木质座凳；（4）园林乔灌木；（5）园林地被植物、草坪		安排具体放样顺序时，不仅要与施工顺序基本一致，还要考虑施工时同伴间交叉施工或流水施工的安排。每个模块需要定出关键角点位置，暂不考虑细部尺寸

活动三：整地

表 2-1-3　整地流程

施工环节	施工内容	施工示例	注意事项
整地	首先，用耙子耙平施工土面；其次，清理碎石等杂物；最后，用夯土槌夯实土面		夯实时，用力应均匀

活动四：放网格线

表 2-1-4　放网格线流程

施工环节	施工内容	施工示例	注意事项
置定位桩	首先，用卷尺沿场地边线每隔 1 m 作标记；其次，在每个标记上插一个地钉作为定位桩		测量要准确无误
置网格线	按照平面定位图上的网格线样式，把相应两个边线的定位桩用绳子连接起来并拉直，最终形成 49 个 1 m×1 m 的方格网线		拉绳子时，一定要拉直，不能太松。绳子要离开土面一定距离，不能铺在土面上

活动五：定位放样

表 2-1-5　定位放样流程

施工环节	施工内容	施工示例	注意事项
硬质建筑物放样	进行花坛、块石景墙、立体绿化景墙、水景水池的定位放样，并用滑石粉撒线		放样要准确，尺寸要对。不能想当然，一定要使用卷尺进行测量。部分曲线的放样需要按照图纸形状进行手工画线，因此施工人员要有一定的美术基础
硬质路面放样	进行汀步路、大理石铺装路面、花岗岩铺装平台的定位放样，并用滑石粉撒线		放样要准确，尺寸要对。不能想当然，一定要使用卷尺进行测量。部分曲线的放样需要按照图纸形状进行手工画线，因此施工人员要有一定的美术基础

（续表）

施工环节	施工内容	施工示例	注意事项
木质构造物放样	进行木质平台、木质座凳的定位放样，并用滑石粉撒线		放样要准确，尺寸要对。不能想当然，一定要使用卷尺进行测量。部分曲线的放样需要按照图纸形状进行手工画线，因此施工人员要有一定的美术基础
园林乔灌木放样	进行红花檵木球、红枫、龟甲冬青球、杜鹃球、瓜子黄杨球、茶梅球、金森女贞球的定位放样，并用滑石粉画空心圆圈来定位树干中心点		放样要准确，尺寸要对。不能想当然，一定要使用卷尺进行测量。地被植物一般为片植，放样时放出整体形状即可

活动六：复核检查

表 2-1-6　复核检查流程

施工环节	施工内容	施工示例	注意事项
复核施工模块的数量	复核施工模块是否全部完成放样，无遗漏		发现问题时，应及时采取调整措施
复核施工模块的位置	检查各施工模块的位置是否准确		发现问题时，应及时采取调整措施
复核施工模块的尺寸	检查各施工模块的尺寸数据是否准确，误差不能大于5 mm		发现问题时，应及时采取调整措施

活动七：清理现场

表 2-1-7　清理现场流程

施工环节	施工内容	施工示例	注意事项
场地清理	施工完毕后，清理打扫现场，工具清洗后回收至指定位置（仓库）		检查、打扫，清理完成

图 2-1-14　定位放样完成效果图

参照世界技能大赛园艺项目评价办法，本任务评价分为主观分评价和客观分评价两类。其中，主观分为 30 分，客观分为 70 分，共计 100 分。凡可采用主观描述的评价称为主观分评价，用主观分评价表打分（见表 2-1-8）；凡可采用客观数据表述的评价称为客观分评价，用客观分评价表打分（见表 2-1-9）。

想—想

哪些措施可以更好地控制放样尺寸的准确性等？

表 2-1-8　主观分评价表

序号	评价项目	评分标准	分值	得分
1	定位放样场地整洁情况	应做到：工具和材料摆放合理，工完、料尽、场地清，一切井然有序	10分	
2	定位放样工序	应做到：完全按照规范要求进行操作，施工工艺合理，施工工序正确，滑石粉撒线粗细均匀、线条清晰，全程井然有序、技术得当	10分	
3	工具设备、材料及防护用具的使用情况	应做到：熟练、正确地使用工具设备和防护用具，且能根据不同施工模块的特点，准确、合理地使用	10分	
合计			30分	

表 2-1-9　客观分评价表

想—想

失分的原因出在哪个环节？要如何改进？

序号	评价项目	评分标准	规定或标准值	结果或实际值	分值	得分
1	所有的施工模块是否均完成定位放样	图纸中所有的施工模块均进行定位放样，无遗漏。漏掉一项扣2分，错误一项扣2分，扣完为止	（1）花坛、块石景墙、立体绿化景墙；（2）汀步路、大理石铺装路面、花岗岩铺装平台、水景水池；（3）木质平台、木质座凳；（4）园林乔灌木；（5）园林地被植物、草坪，共五大类12项		10分	

（续表）

序号	评价项目	评分标准	规定或标准值	结果或实际值	分值	得分
2	各施工模块的定位是否准确无误	各施工模块能准确地完成放样，定位准确。漏掉一项扣2分，错误一项扣2分，扣完为止	（1）花坛、块石景墙、立体绿化景墙；（2）汀步路、大理石铺装路面、花岗岩铺装平台、水景水池；（3）木质平台、木质座凳；（4）园林乔灌木；（5）园林地被植物、草坪，共五大类12项		10分	
3	花坛、块石景墙、立体绿化景墙的放样尺寸是否准确	尺寸数据均与图纸中标注的相同。随机抽取五个点，每点2分。误差小于等于10mm，得满分；误差大于10mm且小于等于30mm，得5分；误差大于30mm，不得分	数据与图纸中标注的完全相同		10分	
4	汀步路、大理石铺装路面、花岗岩铺装平台、水景水池的放样尺寸是否准确	尺寸数据均与图纸中标注的相同。随机抽取五个点，每点2分。误差小于等于10mm，得满分；误差大于10mm且小于等于30mm，得5分；误差大于30mm，不得分	数据与图纸中标注的完全相同		10分	
5	木质平台、木质座凳的放样尺寸是否准确	尺寸数据均与图纸中标注的相同。随机抽取五个点，每点2分。误差小于等于10mm，得满分；误差大于10mm且小于等于30mm，得5分；误差大于30mm，不得分	数据与图纸中标注的完全相同		10分	

想一想

木质平台模块定位放线时，你有没有对平台的立柱进行定位？为什么？

（续表）

序号	评价项目	评分标准	规定或标准值	结果或实际值	分值	得分
6	园林乔灌木、园林地被植物的放样尺寸是否准确	尺寸数据均与图纸中标注的相同。随机抽取五个点，每点2分。误差小于等于10 mm，得满分；误差大于10 mm且小于等于30 mm，得5分；误差大于30 mm，不得分	数据与图纸中标注的完全相同		10分	
7	草坪、四季草花的放样尺寸是否准确	尺寸数据与图纸中标注的相同。草坪面积误差小于等于$0.5\ m^2$，得满分；误差大于$0.5\ m^2$且小于等于$1\ m^2$，得2.5分；误差大于$1\ m^2$，不得分。四季草花面积误差小于等于$0.1\ m^2$，得满分；误差大于$0.1\ m^2$且小于等于$0.5\ m^2$，得2.5分；误差大于$0.5\ m^2$，不得分	草坪$15\ m^2$，四季草花$3.5\ m^2$		10分	
合计					70分	

比一比

检索并观看施工现场定位放样相关视频，比较一下你与视频中技术人员定位放样的步骤有哪些异同之处。

拓展学习

利用全站仪进行定位放线

全站仪，即全站型电子测距仪，既是一种集光、机、电于一体的高技术测量仪器，又是一种集水平角、垂直角、距离（斜距、平距）、高差测量功能于一体的测绘仪器。与光学经纬仪相比，全站仪将光学度盘替换为光电扫描度盘，将人工光学测微读数替换为自动记录和显示读数，使测角操作简单化，且可避免读数误差的产生。

将全站仪架设到已知点（基站点），打开仪器，转动望远镜后，打开激光器对中，进行整平。只上下调动其中两个脚架，将圆水准器调平后再调管水准器精平，再看对中点是否居中，如有偏差，只移动仪器，再进行调精平，反复操作，直到对中为止。

然后进入仪器菜单项，选择放样测量。进入测站设置界面，输入测站基点坐标后，进入后视点输入界面。将仪器十字丝对准后视点棱镜中心后，按确定键，这样仪器就已经设置好坐标方位了。再找一个已知坐标点进行坐标复测，确认无误后就可以进行外业测量工作了。

图 2-1-15　全站仪

图 2-1-16　全站仪菜单

图 2-1-17　全站仪水准器

想一想

该方法适用于哪些具体的场景和工作任务？

进入放样测量中的定位放样，输入要测定的未知点坐标进行测定。输入坐标后，按仪器显示角度方位进行调整，并将棱镜移动到正确方位后再进行距离测量。根据仪器上显示的距离，对棱镜进行适当的前后调整。直到仪器上的数据显示为几毫米甚至更小时，这就是测定的未知点的点位了。

图 2-1-18 全站仪读数

查一查

除了全站仪外，还可以使用哪些仪器或工具进行定位放线。

思考与练习

一、思考题

1. 园林施工定位放样的步骤是什么？

2. 如何在保证安全和质量的前提下，提高定位放样的速度？

3. 对于图纸中一些不规则形状（如不规则多边形、复杂的曲面图形）的草坪、花坛、喷泉等工程模块，在定位放样过程中要如何保证放样尺寸准确无误？

二、技能训练题

请以图 2-1-19 为例，进行定位放样练习。

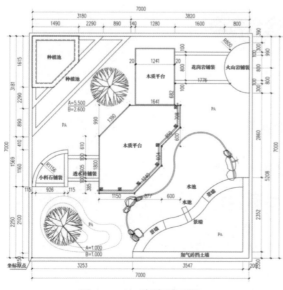

图 2-1-19 庭院平面图

任务2　土方与地形工程施工

学习目标

1. 能理解图纸中的地形设计意图，并根据现状进行合理的土方与地形
   工程施工安排。
2. 能安全、合理地使用工具进行土方与地形工程施工。
3. 能根据图纸及土方与地形施工工艺流程进行土方与地形工程施工。
4. 能正确处理土方、地形与地上景观之间的关系，并进行预埋处理。
5. 在施工过程中，能严格遵守园林工程施工安全操作规范，注意自身
   安全防护，并确保工作场地的整洁。

情景任务

　　在庭院景观施工中，已经完成了施工现场定位放线，接下来就要考虑庭院内各个景物模块之间的关系和施工先后顺序，而土方与地形工程作为地上景物的基础和骨架，必然会被最先考虑到。作为施工人员，应该如何根据拿到的图纸进行土方与地形工程施工？

思路与方法

查一查

查阅相关专业规范，根据工程施工难易程度，确定园林土（石）方可以分为哪些类型。

　　进行土方与地形工程施工前，需要了解整套庭院景观施工图的竖向尺寸，包括每个模块的等高线和竖向标注，尤其要注意需要挖深和回填土方的景观模块。土方与地形工程施工完成后，记得复核标志点的标高。

一、什么是园林土方工程？

　　园林土方工程是大型园林工程施工中的主要工程项目之一，包括一切土（石）方的挖掘、填筑、运输、排水、降水等方面，如场地平整、基坑（槽）开挖、水体开挖、基坑（槽）回填等。

　　土方地形是园林中所有景观元素与设施的载体，为其他景观要素

提供了赖以存在的基面,其质量的好坏也直接影响到整个项目的质量水平。

二、什么是园林地形工程?

地形工程又称地形造型、地形整理。园林工程中的地形整理是指根据园林绿地的总体规划要求,对现场的地面进行填、挖、堆筑等,为园林工程建设整造出一个能适应各种项目建设,更有利于植物生长的地形。地形是造园的基础,是园林景观的骨架,是在一定范围内由岩石、地貌、气候、水文、动植物等各要素相互作用形成的自然综合体。园林中的地形是一种对自然的模仿,因此地形也必须遵循自然规律,注重自然的力量、形态和特点。

比如:对于园林建筑物、园林小品的用地,要整理成局部平地地形,便于基础的开挖;对于堆土造景且可以整理成高于原地形标高的用地,可以对场地上的建筑硬块进行夯实处理,作为园路、广场的基层;对于绿化种植用地,除了需要按照图纸进行微地形造型外,还需要进行种植土壤的改良,需要做到表面土层厚度必须满足植物栽植要求,土质必须符合种植土要求,严禁将场地内的建筑垃圾及有毒、有害的材料填筑在绿化种植用地中。

三、园林景观中有哪些地形地貌类型?

从地理上讲,地形类型包括高原、平原、丘陵、盆地、山地等。园林景观是根据自然界地形地貌类型而塑造的景观,只是体量较小,包括山体、平地、台地、湖池、坡地、沟坎、洞穴、下沉式广场、雨水花园等地形地貌类型。

四、地形的表示方法有哪些?

常用的地形的表示方法有等高线法、特征标高点法、分层设色法、模型法等,其中以等高线法使用最为普遍。

等高线法是以某个参照面为依据,通过用一系列等距离的假想的水平面切割地形后获得的交线的水平投影图来表示地形的方法(见图2-2-1)。主要特点如下:等高线各自闭合,不会相交;两个相邻等高线切面之间的垂直距离相等。水平投影图中,两个相邻等高线之间的距离大小表示坡度的陡缓,等高线越密表示坡度越大,越稀表示坡度越小。

特征标高点法也称高程点表示法,是用圆点或者十字标记,在旁边标注上该点到参照面的高程的方法(见图2-2-2)。

想一想

除了等高线法等方法外,还有什么方法可以用来表示地形地貌?

如何用等高线
来表示不同的
园林地形？试
举例说明。

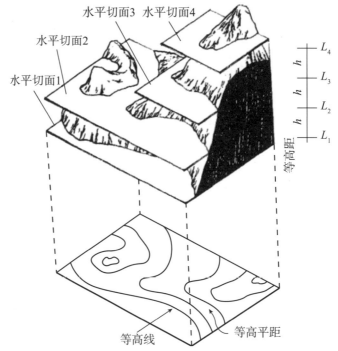

图 2-2-1　等高线法表示地形标高投影

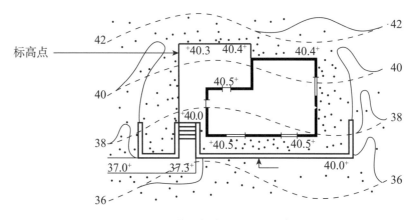

图 2-2-2　特征标高点法表示标高变化

　　分层设色法是根据等高线划分出地形的高程来逐层设置不同的
颜色，以色调和色度的逐渐变化来直观地反映高程带数量和特征变化
的方法（见图 2-2-3）。各层的颜色既要有差别又要有渐变过渡，各
层色彩的对比应尽量表示地形的立体感，色彩的选择应适当考虑地
理景观及人们的习惯。一般用蓝色表示海洋，用绿色表示低平原，用
黄、棕、橘红、褐等颜色表示山地和高原，用白色表示雪山和冰川。
地势越高色越暗或地势越高色越亮，也可由低到高先从明亮变暗，然
后向最高层变亮。分层设色法的优点是醒目，并有立体感；缺点是不
能测量，地貌表示欠精细。

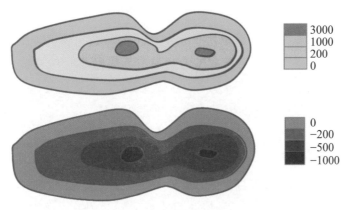

图 2-2-3　分层设色法表示高差变化

试一试

利用手边材料制作本庭院景观施工图中的庭院模型。

　　模型法是指用泡沫板等材料按照一定比例制作园林地形模型，或者用软件设计好地形后，再用 3D 打印技术打印出模型的方法（见图 2-2-4）。这种方法费工费时，投资较多，但是具有直观、形象等特点，便于与业主沟通和施工单位施工参考。

图 2-2-4　模型法表示地形

五、土方与地形工程施工过程中有哪些专业名词？

1. 土壤密度

　　土壤密度是指土壤的总质量与总体积之比，即单位体积土壤的质量，单位是 g/cm^3。根据土壤所处的状态不同，土壤密度分为天然密度、干密度以及饱和密度三种。天然状态下单位体积土壤的质量称为天然密度。天然密度的大小取决于土壤的矿物成分、孔隙和含水情况。土壤的孔隙中完全没有水时的单位体积质量称为干密度。土壤的孔隙中充满水时的单位体积质量称为饱和密度。

查一查

在土方施工过程中，除了土的可松性、坡度等五种常见概念外，还会碰到哪些专业名词。

2. 土壤含水量

土壤含水量是指土壤中所含水与干土的质量比值，以百分数表示。土壤含水量的多少，对土方施工的难易有直接影响。同一施工条件下，土壤含水量过小，土质过于坚实，不易挖掘；含水量过大，土壤易泥泞，也不利于施工，人力或机械施工的工效均会降低。

3. 土的可松性

土的可松性是指在自然状态下的土壤，经过开挖以后，其体积因松散而增加后虽然可以进行夯实，但仍不能恢复到原来的体积，这种性质称为土的可松性。土的可松性可用土的可松性系数（分为最初可松性系数和最终可松性系数）来表示。最初可松性系数：$K = V_2/V_1$，最终可松性系数：$K's = V_3/V_1$。其中，V_1 是土在天然状态下的体积，V_2 是土在松散状态下的体积，V_3 是土经压实后的体积。在土方施工时，可依据可松性系数进行取土体积天然方（V_1）、运输方（V_2）、压实方（V_3）之间的换算。一般情况下，土的可松性系数 K 均大于1。

4. 土的压实系数

土的压实系数为土的控制干密度与最大干密度的比值。对细粒的种植土而言，压实系数是实际测定的回填层的干容重与该种填料的最大干容重的比值。回填层的干容重的测定方法有环刀法、灌砂法、灌水法、核子密度湿度仪法等。根据定额规定，一般土方松实系数为 1：1.33：0.85（自然方：松方：实方），石方松实系数为 1：1.53：1.31。

5. 坡度

坡度是地表单元陡缓的程度，通常把坡面的垂直高度 H 和水平方向的距离 L 的比值叫作坡度（或叫作坡比），用字母 i 表示，即坡角的正切值（$i = \tan$ 坡角 $= H：L$），以百分比表示。

想一想

在土方施工过程中，如果遇到大雨或者暴雨天气，业主仍以确保工期为由，坚持要你继续施工，你会怎么做？

六、土方与地形工程施工的一般程序是什么？

土方与地形工程施工的一般程序：施工前准备—现场放线—土方开挖—运方填方—地形成品修整与保护。

七、土方与地形工程施工常用到哪些仪器及工具？

土方与地形工程施工时，常用到的仪器及工具有激光水准仪、带刻度水准尺、钢卷尺、记号笔、木桩、铁锹、木夯、灰粉等。

> **注意事项**
>
> 1. 土方工程施工过程中，一定要提前调查施工场地的原有地下管线情况，防止破坏已有地下设施。
>
> 2. 施工时，如果需要预埋地下管线，应同步进行，防止重复挖掘。

想一想

在土方与地形工程施工过程中，如何做到既全程安全有序又满足施工质量要求？

 活动

活动一：施工前准备

表 2-2-1 施工前准备流程

施工环节	施工内容	施工示例	注意事项
工具准备	准备土方施工的设施、设备		注意检查施工现场的临时用水、用电来源以及地上、地下设施情况
土方准备	准备填方用土、种植用土、土壤改良材料、土壤覆盖材料等		做地形用的填方用土和做种植用的种植用土应严格分开，不可乱用

活动二：现场放线

表 2-2-2 现场放线流程

施工环节	施工内容	施工示例	注意事项
场地平整	在操作区域内用木夯对场地进行夯实平整		结合图纸，综合考虑需要填方、挖方的位置

（续表）

施工环节	施工内容	施工示例	注意事项
定位放样	根据总平面图和竖向标高图中需要填方、挖方的位置，用定位桩等先把定位点测定出来，再钉木桩。接着，用尼龙绳或草绳按顺序确定等高线位置，并根据等高线方向用泥子粉放线，勾勒出图案		根据施工放线图和定位图，找准参考零点 $P(0,0)$

活动三：土方开挖

表 2-2-3　土方开挖流程

施工环节	施工内容	施工示例	注意事项
土方开挖	在需要挖方的位置进行挖方		挖方时，注意地下管线等设施。挖方区域主要考虑水池、砌筑和铺装等需要挖掘基础的位置

活动四：运方填方

表 2-2-4　运方填方流程

施工环节	施工内容	施工示例	注意事项
土方运输	把挖出的土方运送到需要堆放的位置		近距离土方运输可以直接用人力，稍远距离土方运输可以借用手推车等工具
土方压实	用木夯等对回填土方进行压实或夯筑		人力打夯前，应将填土层初步整平；打夯时，要按一定方向进行，一夯压半夯，夯夯相接，行行相连，两遍纵横交叉，分层夯打。夯实基槽及地坪时，行夯路线应由四边开始，然后再夯向中间
种植土改良	对种植区域的土壤进行改良		根据需要对种植区域的种植土壤进行改良

活动五：地形成品修整与保护

表 2-2-5　地形成品修整与保护流程

施工环节	施工内容	施工示例	注意事项
地形表面修坡	用铁锹等对地形表面进行修坡		理坡要顺滑，坡面过渡要自然
给定数据测量复核	测量复核土方施工区域已知定位点的位置和标高等，看是否与图纸一致		要特别注意对堆坡的最高标高进行复核
成品保护	对已完成区域进行保护，防止其在后续施工中被破坏		保护措施要及时有效，种植前不要踩踏

总结评价

参照世界技能大赛园艺项目评价办法，本任务评价分为主观分评价和客观分评价两类。其中，主观分和客观分各占 50 分，共计 100 分（见表 2-2-6 和表 2-2-7）。

表 2-2-6　主观分评价表

序号	评价项目	评分标准	分值	得分
1	施工场地整洁情况	应做到：工具和材料摆放合理，工完、料尽、场地清，一切井然有序	10 分	
2	施工工艺及施工工序	应做到：完全按照规范要求进行操作，施工工艺合理，施工工序正确，全程井然有序、技术得当	10 分	

想一想

在大型园林土方工程施工中，如果要用机械夯筑，有哪些夯实机械？机械夯筑的注意事项有哪些？

想一想

在世赛园艺项目比赛的现场，在有限的施工条件下，有哪些措施可以保护成品？

（续表）

想一想

失分的原因出
在哪个环节？
要如何改进？

序号	评价项目	评分标准	分值	得分
3	施工安全防护	应做到：熟练、正确地使用工具设备和防护用具，且能根据材料的特性，准确、合理地使用，全程做好安全防护	10分	
4	地形整理效果	应做到：土方地形坡面平滑、顺畅，过渡自然	10分	
5	土壤改良情况	应做到：种植区域的土壤有所改良，并为种植施工做好地形和土壤准备	10分	
合计			50分	

表 2-2-7 客观分评价表

序号	评价项目	评分标准	规定或标准值	结果或实际值	分值	得分
1	完成情况	土方工程施工是否按照图纸完成。按图施工并完成得满分，否则不得分	完成		20分	
2	地形标高 1	随机抽取两个点，对完成面标高进行测量，每点5分。误差小于等于2 cm，得满分；误差大于2 cm且小于等于4 cm，得1分；误差大于4 cm，不得分	+0.100 m		10分	
3	地形标高 2	随机抽取两个点，对完成面标高进行测量，每点5分。误差小于等于2 cm，得满分；误差大于2 cm且小于等于4 cm，得1分；误差大于4 cm，不得分	+0.200 m		10分	

（续表）

序号	评价项目	评分标准	规定或标准值	结果或实际值	分值	得分
4	地形标高 3	随机抽取一个点，对完成面标高进行测量，每点 10 分。误差小于等于 2 cm，得满分；误差大于 2 cm 且小于等于 4 cm，得 2 分；误差大于 4 cm，不得分	+ 0.300 m		10 分	
合计					50 分	

拓展学习

土壤改良剂

　　土壤改良剂又称土壤调理剂，是指可以改善土壤物理和化学性状，促进作物养分吸收，但本身不提供植物养分的一种物料。土壤改良剂的作用是黏结很多小的土壤颗粒，形成大的且水稳定的聚集体。它被广泛应用于改变土壤物理和化学性质、防止土壤受侵蚀、降低土壤水分蒸发或过度蒸腾、节约灌溉水、增加土壤微生物数量、提高酶活性、提高土壤肥力、促进植物健康生长等方面。

　　传统的土壤改良方法包括在黏土中加沙土或在沙土中加壤土等，其中添加的物质称为天然土壤改良剂。现在，多采用有机物提取物、天然矿物或人工高分子聚合物等合成土壤改良剂。

　　多糖类。目前销售的有藻粉，就是利用富含褐藻酸和糖醛酸的藻类制成的颗粒物，这种物质施于土壤后能改善其保水性和透气性，有利于土壤形成团粒结构，从而促进树木生长。

　　碱性硅酸盐。这是一种含氟硅酸钠盐或钾盐的分散无定形胶体，施于土壤后能增加土壤胶体含量，调节土壤孔隙状况。使用方法：作物定植时，与土壤混合后填埋栽植穴；或作物定植后，将其撒在地表或溶于水后喷施。

想一想

在日常学习和生活中，你还见过哪些土壤改良剂？

查一查

当施工现场的土壤为强酸(碱)性土壤时,加入什么土壤改良剂才可以把施工现场的土壤调节到中性土壤。

具开张孔隙的合成泡沫。这是一种由尿素和甲醛制成的合成泡沫树脂,其孔隙率为70%,含氮量为30%,持水率为50%—70%。施用这种物质不仅能改善土壤通透性,提高土壤保水性,还能补充土壤氮素。

腐植酸类。这类物质是很好的离子交换剂,对钠、氯等有害离子有吸附交换作用,能调节土壤酸碱度。

抑盐剂。该剂用水稀释后,喷在地面就能形成一层连续性的薄膜。这种薄膜能阻止水分子通过,抑制水分蒸发,提高地温,减少盐分在地表中积累。

思考与练习

一、思考题

1. 进行土方工程施工操作时,有可能会出现哪些安全隐患,如何避免安全事故的发生?

2. 如何在保证安全和质量的前提下,提高土方工程施工效率?

二、技能训练题

尝试用 PVC 板和发泡塑料等制作附录 2 中所给图纸的模型。

模块三

园林硬质景观工程施工

完成定位放线和土方地形施工后，就可以进行地上部分的园林景观工程施工了。地上的园林景观根据工程性质又分为软质景观工程和硬质景观工程。软质景观通常是自然的，如植物景观、水体景观等；硬质景观是指园林造景物质要素中没有新陈代谢作用，供人们休息、活动、观赏的设施或场所，如亭廊、铺装、花架、景墙、园路、广场、挡土墙、园桥、座位、停车场等。虽然这些硬质景观在园林中的比重不大，但因其具有无可替代的实用功能和不可多得的观赏作用而成为园林景观中不可缺少的重要组成部分。

由于硬质景观项目内容较多，本模块重点介绍园路铺设、花坛砌体、景墙施工等。在世赛园艺项目的竞赛中，硬质景观考核的占比大、花样多、难度高、要求高，是最能考核选手的知识、技能、体力、耐力和心理素质的模块。

图 3-0-1　园路铺设工程施工　　　　　　　　图 3-0-2　花坛砌体工程施工

图 3-0-3　景墙工程施工

任务 1　园路铺设工程施工

学习目标

1. 能根据设计图纸和园路铺设工程需求准备、搬运、切割、铺设和保养材料。
2. 能根据园路铺设内容对工具和材料进行安全、合理的选用。
3. 能按照园路铺设工程施工流程进行施工。
4. 能根据设计意图复核园路铺设工程的定位、长度、宽度、高度、水平度、平整度、外观等。
5. 在施工过程中，能严格遵守园林工程施工安全操作规范，注意自身安全防护，并确保工作场地的整洁。

情景任务

　　在前面的模块中，已经完成了园林工程图纸的识读和园林硬质材料的识别，接下来要按照所给庭院景观施工图中花岗岩的尺寸和材料等要求在庭院的指定位置进行方形园路铺设。园路铺设内部为菱形图案，详见附录2中的图 LP-01、图 LP-03、图 LP-05、图 LP-09。施工完成后，记得进行复测复验和场地清理。

思路与方法

　　园路铺设是什么？园路铺设是指运用任何硬质的天然或人工制作的铺地材料来装饰路面，包括园路、广场、活动场地、建筑地坪等。

　　园路铺设有哪些形式？本套图纸中，一共出现了四种铺设形式，分别是台阶铺设、矩形大理石铺设、汀步铺设、方形花岗岩铺设。

　　怎么进行园路铺设？进行园路铺设前，需要了解园路铺设（以下简称铺设）的尺寸定位、所用材料和工艺流程，并根据施工工艺特点进行施工和完成后的复核。下面，以方形花岗岩铺设为例进行介绍。

查一查

园路面层铺设的拼接方式和用到的材料。

一、本铺设任务在庭院中的哪个位置？

1. 在总平面图中找到铺设的位置。从图 3-1-1 中可以看出，情景任务描述中的铺设在庭院的南面（图中最下方），具体在图中红虚线范围内。

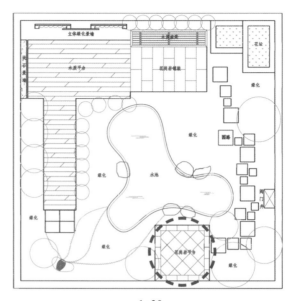

1∶30

图 3-1-1　铺设在总平面图中的位置

2. 确定铺设的定位（见附录 2 中的图 LP-01、图 LP-03）。如图 3-1-2 所示，铺设的定位为 $X = 3700 \sim 5200$，$Y = 0 \sim 1500$。

想一想

如何根据材料尺寸在铺设前做好计算工作，便于后期材料的加工处理？

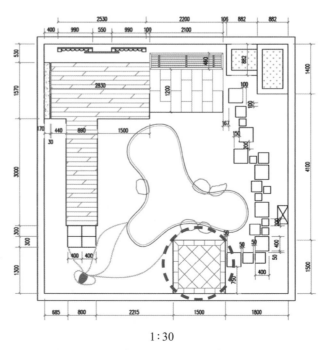

1∶30

图 3-1-2　铺设在尺寸标注图中的位置

二、如何识读本铺设任务的尺寸规格？

要识读铺设的尺寸规格，需要完成以下三个步骤。

1. 读出铺设的组成和长宽。如图 3-1-3 所示，这个铺设是花岗岩铺设，由两部分组成：一部分由 300 mm × 150 mm × 30 mm 芝麻黑火烧面花岗岩组成；另一部分由 300 mm × 300 mm × 30 mm 芝麻白火烧面花岗岩组成。铺设的外观尺寸为 1500 mm × 1500 mm 的正方形。

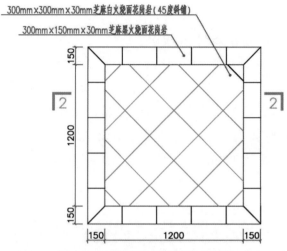

图 3-1-3 花岗岩铺设的尺寸规格

2. 读出铺设的标高。从附录 2 中的图 LP-05 可以看出，铺设的整体标高为 ± 0.000 m。

3. 读出铺设的图案。从图 3-1-3 中可以看出，铺设外围是经过 45 度倒角的砖材拼接而成，内部是菱形铺设，且需要通过切割砖材拼接而成，密缝进行铺设。

三、本铺设任务由哪些结构组成？

园路的结构可分为平面组成和垂直断面组成。平面组成包括车行道、人行道、绿带、路牙（肩）和边沟等。垂直断面组成包括路基、路面（垫层、基层和面层）、附属工程（检查井、排水沟等）、横坡（坡度为 1%—4%）。

本铺设任务结构较为简单，其自下而上由铺设基层、找平层（或砂垫层）、花岗岩面层组成。

四、本铺设任务由什么材料砌成？

从附录 2 中的图 LP-09 可以看出，铺设基层为沙基础，找平层为 30 mm 厚沙，外围材料为 300 mm × 150 mm × 30 mm 芝麻黑火烧面花岗岩，内部材料为 300 mm × 300 mm × 30 mm 芝麻白火烧面花岗岩。

想一想

你能根据所给的铺设平面图，计算出需要切割的砖块数量和尺寸吗？

想一想

你会读花岗岩铺设施工图了吗？如果把图中的部分数据擦掉，你还能从施工图中读出铺设的尺寸规格并在空白处填上正确的数据吗？

五、要做好铺设，需要遵守哪些施工工艺流程？

铺设的施工工艺流程为：施工准备（人员、图纸、工具、材料）—定位放线和场地平整—基槽开挖—基础夯实—垫层施工—角砖切割—角砖铺设—走边铺设—面填充（内部铺设）—尺寸检查和复核—检查验收—工具材料回收入库。具体施工工艺流程可以根据实际情况进行调整，实行少量交叉施工。

六、铺设的外观质量有什么要求？

铺设作为庭院景观的重要组成部分，除了主要起组织交通和引导游览等作用外，还为人们提供了良好的休息、活动场地，兼具排水、观赏等功能。因此，铺设的外观质量要求如下：铺设完成面干净、整洁、顺滑，拼花符合图纸要求，具有一定坡度等；铺设完成面平整，水平尺气泡居中，长宽误差不超过 2 mm；缝隙要对齐、均匀，缝隙误差不超过 2 mm。

七、铺设需要准备哪些工具和材料？

要做好铺设，需要准备以下工具和材料：（1）施工图纸；（2）铺设材料：花岗岩、黄沙等；（3）工具：泥抹子、尼龙绳、水平尺、橡皮锤、钢卷尺、铁锹、平耙、滑石粉、定位桩、水桶、扫帚、木质手夯、铅笔、记号笔等；（4）机械：石材切割机、投线仪等；（5）个人防护用品：劳保鞋、护膝、手套、护目镜、耳罩或耳塞、口罩等。

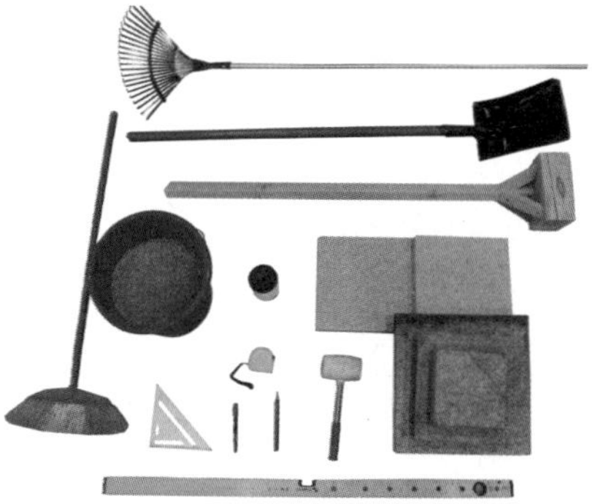

图 3-1-4　铺设施工工具和材料

> **注意事项**
>
> 安全无小事，施工过程中一定要注意施工安全！比如：搬运材料时，注意轻拿轻放，动作符合人体工程学要求；切割材料时，注意石材切割机的正确使用，避免进行小块切割等。

想一想

施工现场中的哪些区域和环节最容易产生安全隐患？

想一想

园路中常见的"病害"种类有哪些？

活动一：定位放线和场地平整

表 3-1-1　定位放线和场地平整流程

施工环节	施工内容	施工示例	注意事项
定位放线	根据铺设施工图，通过卷尺、定位木桩把铺设面的四个角点测设到地面上；在定位点处钉木桩，用尼龙绳按顺序连接各定位桩；根据施工图中的园路图案，用滑石粉放线，勾勒出铺设图案		根据施工放线图和定位图，找准参考零点 $P(0,0)$
场地平整	在铺设区域内用铁锹和平耙对场地进行夯实平整		可以先用铁锹将操作面做到大致整平

活动二：材料切割加工

表 3-1-2　材料切割加工流程

施工环节	施工内容	施工示例	注意事项
材料切割	根据铺设的边长，计算出倒角的大小并进行切割；根据内部图案情况，进行划线切割		切割材料时，护具一定要准备到位，使用正确的方法来确保安全。铺设内部砖块时，可以根据实际情况进行内部材料的切割，以免出现较大误差

活动三：铺装铺设

表 3-1-3　铺装铺设流程

施工环节	施工内容	施工示例	注意事项
砂垫层施工	铺设前，将沙子均匀地撒在坚实的基础面上，厚度大约为 30 mm		沙子中如果有大块或者结块现象，应该及时挑出并打碎

（续表）

施工环节	施工内容	施工示例	注意事项
角砖铺设	把经过倒角的砖块按照施工图的形式铺设完成，并核对尺寸、高度是否正确		四个角做完后，应该测量其对角线长度是否相等。如果不相等，应该及时进行调整
边铺设	以角砖的外边作为参考进行带线作业，完成外围铺设		选材时，应选择大小相同的砖块进行铺设，保证内外边都平直
面填充	首先，用铅笔或记号笔在一块 300 mm × 300 mm × 30 mm 的砖块上标记每条边的中点；其次，用尼龙绳连接铺设面的对角线，将砖块放置在对角线的中心，并保证对角线与砖块的中点重合，以此来确定内部图案中心砖块的位置；最后，拆除对角线，以中心砖块为参照物向四周接拼砖块，如需切割则进行划线切割		铺设过程中，需要全程按照施工图标高进行。其中，图案中心砖块的位置至关重要，应确保中心砖块的位置正确且在施工过程不会发生变动。内部图案切割量较大，要确保安全。切割前，划线要确保准确

活动四：质量检查与清理现场

表 3-1-4 质量检查与清理现场流程

施工环节	施工内容	施工示例	注意事项
完成面标高复核	使用带刻度的水平尺并配合投线仪进行标高测量，复核完成面标高（图中应为 ± 0.000 m）		测量过程中，水平尺必须与水平面垂直后才可进行读数
完成面水平度检查	用水平尺检查完成面的水平度（水泡居中）		水平尺和测量面不应有任何遮挡物

（续表）

施工环节	施工内容	施工示例	注意事项
完成面长宽复核	用卷尺复核完成面的长度、宽度（图中应为1500 mm×1500 mm）		测量过程中，卷尺要保持平直，中间不能有遮挡物
完成面缝隙复核	检查完成面缝隙是否为密缝铺设，所有对应的竖缝和横缝应在一条线上		发现问题时，应及时采取调整措施
完成面图案是否规整	完成面图案应与施工图保持一致		发现问题时，应及时采取调整措施
场地清理	清理场地内及周围除作品以外的一切东西，并把剩余可用材料和工具回收至仓库		工具清洗干净后再入库

图 3-1-5　方形花岗岩铺设效果图

 总结评价

想—想

除了以上内部填充的方法外，还有哪些方法可以又快又好地完成铺设？

参照世界技能大赛园艺项目评价办法，本任务评价分为主观分评价和客观分评价两类。其中，主观分和客观分各占 50 分，共计 100 分（见表 3-1-5 和表 3-1-6）。

表 3-1-5　主观分评价表

序号	评价项目	评分标准	分值	得分
1	施工场地整洁情况	应做到：工具和材料摆放合理，工完、料尽、场地清，一切井然有序	10 分	
2	施工工艺及施工工序	应做到：完全按照规范要求进行操作，施工工艺合理，施工工序正确，全程井然有序、技术得当	10 分	
3	工具设备、材料及防护用具的使用情况	应做到：熟练、正确地使用工具设备和防护用具，且能根据材料的特性，准确、合理地使用	10 分	
4	铺设及切割拼接处理情况	应做到：铺设及切割面均非常整齐	10 分	
5	铺设整体外观	应做到：图案布局均匀美观，所有缝隙密缝铺设	10 分	
	合计		50 分	

想—想

哪些措施可以更好地控制完成面的长度、宽度、缝隙等？

想—想

园路铺设外观评价要求有哪些？如何提高外观质量？

表 3-1-6　客观分评价表

序号	评价项目	评分标准	规定或标准值	结果或实际值	分值	得分
1	铺设是否按照图纸完成	完成得满分，未完成得 0 分	完成		10 分	
2	完成面标高	随机抽取五个点，每点 2 分。误差小于等于 2 mm，得满分；误差大于 2 mm 且小于等于 4 mm，得 1 分；误差大于 4 mm，不得分	± 0.000		10 分	

想—想

本任务中如何保证图形的准确性，避免出现变形的可能？

（续表）

序号	评价项目	评分标准	规定或标准值	结果或实际值	分值	得分
3	完成面尺寸	随机抽取四个点，每点4分。误差小于等于2 mm，得满分；误差大于2 mm且小于等于4 mm，得2分；误差大于4 mm，不得分	1500 mm		16分	
4	完成面缝隙	观察完成面的缝隙，发现一处大于2 mm，扣2分，扣完为止			10分	
5	完成面平整度	随机抽取两个点，对完成面进行平整度测试，每点2分。要求测量仪气泡居水平框内，超出水平框一点，扣2分，扣完为止	气泡居中		4分	
合计					50分	

拓展学习

海绵城市之透水路面

海绵城市是指城市能像海绵一样，在适应环境变化和应对自然灾害等方面具有良好的"弹性"，比如，下雨时吸水、蓄水、渗水、净水，需要时将蓄存的水"释放"出来并加以利用。海绵城市对我国未来城市发展及人居环境改善有长远影响，应将其纳入生态城市评价体系、绿色建筑评价标准中，并通过透水路面铺设率、下沉式绿地率、绿色屋顶率等指标进行落实。

海绵城市建设的重点是海绵城市路面和道路的建设。

透水道路在保证道路透水率的情况下，不仅达到了城市道路正常通车的强度要求，还解决了一些透水路面只能用在景观道、自行车道等低要求场合的问题。

看一看

调查一下所处城市的海绵城市建设试点区域，对比一下试点区域和其他城区园路铺设、植物配置等的不同，并试着分析原因。

想一想

在生活中，你还见过哪些园路铺设的形式？请用草图或实景照片的形式进行分享。

透水路面具有以下功能：

1. 彩色透水路面防止路面积水，夜间不反光，增加路面安全性和通行舒适性；

2. 透水混凝土路面的透水性既能使雨水迅速渗入地下，保持土壤湿度，维护地下水及土壤的生态平衡，又能避免因过度开采地下水而引起地基下沉；

3. 透水路面具有独特的孔隙结构，其在吸热和储热功能方面接近自然植被所覆盖的地面，可以调节城市空间的温度和湿度，缓解城市热岛效应；

4. 透水路面的孔隙率较大，具有吸音功能，可以减少环境噪声；

5. 透水路面中大量的孔隙能吸附城市污染物（如粉尘），减少扬尘污染；并具有易维护性，只需用高压水洗的方法，即可处理孔隙堵塞问题；

6. 罗曼透水路面拥有系列色彩配置，可以根据周围环境需要进行设计，具有较强的装饰性。

图 3-1-6　透水路面

思考与练习

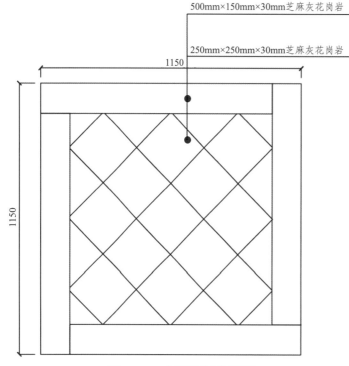

500mm×150mm×30mm芝麻灰花岗岩

250mm×250mm×30mm芝麻灰花岗岩

1150

1150

图 3-1-7　花岗岩铺设平面图

一、思考题

1. 铺设的类型有哪些？

2. 铺设的施工工艺是什么？铺设施工过程中用到哪些材料？

3. 如何完成一个长为 1710 mm、宽为 805 mm、标高为 ± 0.000 m 的透水砖铺设？

二、技能训练题

根据给定的图纸（见图 3-1-7），完成铺设施工。

任务 2　花坛砌体工程施工

学习目标

1. 能理解花坛砌体工程施工图纸的设计意图和尺寸要求。
2. 能根据设计图纸和花坛砌体工程需求正确准备水泥砂浆等材料。
3. 能规范进行砌筑材料的准备、搬运等操作，并按照砌筑工程施工流程进行施工。
4. 砌筑完成后，能根据设计意图和图纸尺寸复核砌体的定位、长度、宽度、高度、外观等，以满足结构性能要求和外观观赏要求，并能安全、合理、节约地使用砌筑工具和材料。
5. 在施工过程中，能严格遵守园林工程施工安全操作规范，注意自身安全防护，养成一丝不苟、精益求精的工匠精神。

情景任务

在任务 1 中，已经完成了园路铺设的施工，接下来要按照所给庭院景观施工图中花坛砌体的尺寸和材料等要求在庭院的指定位置砌筑一个组合花坛。施工完成后，记得进行复测复验和场地清理。

思路与方法

进行花坛砌体工程施工前，需要了解花坛砌体的详细尺寸、所用材料和工艺流程，并根据砌筑工艺特点进行施工和完成面的复核。

一、什么是砌体工程？

砌体工程是指在建筑工程中使用普通黏土砖、承重黏土空心砖、蒸压灰砂砖、粉煤灰砖、各种中小型砌块和石材等材料进行砌筑的工程，包括砌砖、石块、砌块及轻质墙板等内容。

说一说

根据学到或查阅到的花坛和花境相关知识，说一说它们的异同之处。

二、园林景观中有哪些常见的砌体工程?

园林景观中常见的砌体工程,根据材料可以分为烧结普通砖砌体、烧结多孔砖墙砌体、烧结空心砖墙砌体、混凝土小型空心砌块砌体、加气混凝土砌块砌体、粉煤灰砌块砌体、料石砌体、毛石砌体等;根据功能可以分为建筑砌体、景墙砌体(见图3-2-1)、花坛砌体、水池砌体、挡土墙砌体、检查井砌体等。

想一想

园林绿地景观中还有哪些砌体工程?这些砌体都有什么功能?都有什么用途?

图 3-2-1　景墙砌体

三、常用的砖砌体的砌筑方法有哪些?

常用的砖砌体的砌筑方法有:"三一"砌砖法、挤浆法、刮浆法和满口灰法等。其中,"三一"砌砖法和挤浆法最为常用。

"三一"砌砖法:即一块砖、一铲灰、一揉压,并随手将挤出的砂浆刮去的砌筑方法。它的优点是灰缝容易饱满,黏结性好,墙面整洁。故实心砖砌体宜采用"三一"砌砖法。

挤浆法:即用灰勺、大铲或铺灰器在墙顶上铺一段砂浆,然后双手拿砖或单手拿砖,把砖挤入砂浆中一定厚度之后再把砖放平,达到下齐边、上齐线、横平竖直的要求。它的优点如下:可以连续挤砌几块砖,减少烦琐的动作;平推平挤可使灰缝饱满;效率高;能保证砌筑质量。

四、砌体中常见的砌筑砂浆及其组成成分有哪些?

砂浆按用途不同可以分为砌筑砂浆、抹面砂浆、防水砂浆、装饰砂浆等,也可按胶结材料不同分为以下几种。

想一想

如何拌制 1∶2.5 的水泥砂浆?

1. 水泥砂浆:水泥+沙子+水,多用于受湿度影响较大的墙体、基础部位等。它的强度高,耐久性好,但保水性差。

2. 混合砂浆:水泥+沙子+石灰膏+水,多用于地面以上的墙体等。它具有一定的强度和耐久性,保水性、和易性较好,便于施工且质量容易保证。

3. 石灰砂浆:石灰膏+沙子,多用于临时性建筑等。它的强度较低,成本较低。

4. **防水砂浆**:在水泥砂浆中加入防水粉或防水剂,多用于防潮层或水池内外抹灰等。它的抗渗性能好。

5. **勾缝砂浆**:水泥和细沙以1:1制成,多用于清水墙面的勾缝等。它的特点是砂浆细腻,观赏性好。

五、本花坛砌体任务在庭院中的哪个位置?

因为花坛砌体是花坛的一部分,所以花坛砌体的位置和花坛的位置相同。

1. 在总平面图中找到花坛的方位。从图3-2-2中可以看出,花坛在庭院的东北角,具体在图中红虚线范围内。

1:30

图 3-2-2　花坛在总平面图中的位置

2. 确定花坛的定位(见附录2中的图LP-01、图LP-03)。如图3-2-3所示,花坛的定位为 $X = 5236 \sim 7000$, $Y = 5600 \sim 7000$。

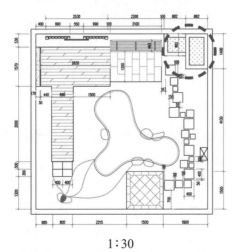

1:30

图 3-2-3　花坛在尺寸标注图中的位置

想一想

除了"三一"砌砖法外,还有哪些砌砖方法?

六、如何识读本花坛砌体任务的尺寸规格？

要识读花坛砌体的尺寸规格，需要完成以下三个步骤。

1. 读出花坛砌体的组成和长宽。如图 3-2-4 所示，这个花坛是一个组合花坛，由两部分组成：一部分完成面的尺寸是 1430 mm×912 mm；另一部分完成面的尺寸是 912 mm×882 mm。其中，墙体的规格分别为 1400 mm×882 mm 和 882 mm×867 mm。

2. 读出花坛砌体的标高。从图 3-2-4 中可以看出，花坛砌体两部分的标高分别为 0.380 m 和 0.540 m。

3. 读出墙身的高度。从图 3-2-5 中可以看出，墙厚为 120 mm，是半砖墙。

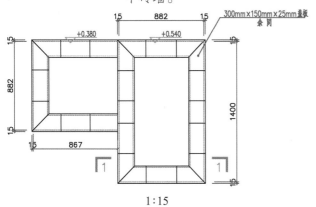

1:15

图 3-2-4　花坛平面图

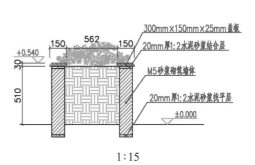

1:15

图 3-2-5　花坛剖面图

想一想

你能根据所给的花坛平面图和剖面图，画出花坛的透视图吗？

七、本花坛砌体任务由哪些结构组成？

本花坛砌体任务自下而上由地基基础（夯实沙基础）、找平层、砌体、结合层、盖板（或称压顶）组成。

八、本花坛砌体任务由什么材料砌成？

从图 3-2-5 中可以看出，花坛砌体的地基基础为沙基础，找平层为 20 mm 厚 1:2 水泥砂浆，砌体材料为标准水泥砖和 1:2 水泥砂浆、M5 水泥砂浆粘结；砌体盖板材料为 300 mm×150 mm×25 mm 亚光面大理石。

想一想

你会读花坛砌体施工图了吗？如果把图中的部分数据擦掉，你还能从施工图中读出花坛砌体的尺寸规格并在空白处填上正确的数据吗？

九、要做好花坛砌筑，需要遵守哪些施工工艺流程？

花坛砌体的施工工艺流程为：施工准备（人员、图纸、工具、材料）—定位放线与场地平整—基槽开挖—基础夯实—砂浆制备—垫层施工—铺底层砖（摆底）—盘角—铺砌墙身—压顶施工（盖板）—抹缝与墙面装饰—尺寸检查和复核—检查验收—工具材料回收入库。具体施工工艺流程可以根据实际情况进行调整，实行少量交叉施工。

十、花坛砌体的外观质量有什么要求？

花坛砌体是庭院景观的重要组成部分，除了主要起挡土等作用外，还有供人们临时坐靠、排水、观赏等功能，所以要求砌体表面干净、整洁、无通缝等。

十一、花坛砌筑需要准备哪些工具和材料？

要做好花坛砌筑，需要准备以下工具和材料：（1）施工图纸；（2）砌筑和压顶材料：水泥砖、水泥、水、黄沙等；（3）工具：泥抹子、尼龙绳、水平尺、砖夹子、砖刀、钢卷尺、铁锹、滑石粉、定位桩、水桶、扫帚等；（4）机械：石材切割机、水泥砂浆搅拌机等；（5）个人防护用品：劳保鞋、护膝、手套、眼罩、耳罩或耳塞、口罩等。

想一想

施工现场中的哪些区域和环节最容易产生安全隐患？

> **注意事项**
>
> 安全无小事，施工过程中一定要注意施工安全！比如：搬运材料时，注意轻拿轻放，动作符合人体工程学要求；切割压顶材料时，注意石材切割机的正确使用等。

活动

活动一：施工准备

表 3-2-1　施工准备流程

施工环节	施工内容	施工示例	注意事项
图纸熟读	熟读花坛施工图纸，尤其要明确花坛与相邻景物模块之间的关系		要了解花坛的规格要求及外观质量要求
工具、材料准备	准备花坛砌体施工用的砖刀、卷尺、砂浆、标砖等材料		夯实时，用力应均匀

活动二：定位放线复核和场地平整

表 3-2-2　定位放线复核和场地平整流程

施工环节	施工内容	施工示例	注意事项
花坛定位放线复核	根据花坛砌体施工图，用测量仪器把花坛的七个角点测设到地面上；在定位点处钉木桩，用尼龙绳按顺序连接各定位桩；根据施工图中的花坛图案，用滑石粉放线，勾勒出花坛图案		根据施工放线图和定位图，找准参考零点 $P(0,0)$
场地平整	在花坛区域内用木夯对场地进行夯实平整		夯实时，用力应均匀

活动三：开挖砌体基槽

表 3-2-3　开挖砌体基槽流程

施工环节	施工内容	施工示例	注意事项
开挖砌体基槽	开挖比花坛砌体基础宽100 mm、深120 mm的砌筑基槽。在砌筑基础之前，在槽底做一个30—50 mm厚砂垫层，用于基础施工找平，并进行夯实		基槽底土面要整平、夯实，必要时可加固，不得留下不均匀沉降的隐患

活动四：砌筑花坛墙身

表 3-2-4　砌筑花坛墙身流程

施工环节	施工内容	施工示例	注意事项
砖石浸润	砌筑前，砖石应先浇水湿润。除了对大堆砖石浇水湿润外，还应在砌筑前对砌筑面再洒水湿润，其含水率一般不超过15%		硅石应提前1—2天浇水湿润

施工环节	施工内容	施工示例	注意事项
拌制砂浆	拌制砂浆时，首先，向搅拌桶中加入黄沙；其次，按照1:2的比例（体积比）向搅拌桶中加入水泥；然后，向搅拌桶中加入适量水；最后，用搅拌机把材料拌和均匀		尽量做到少拌快用，即每次拌制的砂浆要在3—4小时内使用完毕。在运输过程中或贮存时出现离析、泌水等现象的砂浆，砌筑前应重新拌和。已凝结的砂浆不得用作结合层
水泥砂浆找平	在基础上用1:2水泥砂浆做20 mm厚找平层		找平层砂浆要饱满
墙身砌筑	本花坛是二分之一砖墙，所以采用全顺法砌筑。 砌筑按照找平层尺寸、标高复核—铺底层砖—盘角—铺中层砖—压顶—抹缝、装饰—尺寸复核顺序进行。 墙身分层砌筑时，砌砖采用"三一"砌砖法。每层横缝应大致水平，竖缝应交错对齐，上下两层间的错缝不得小于8 cm		（1）在砌筑过程中，将水泥砖往下敲平时，注意用一只手轻按住水泥砖，用砖刀敲击水泥砖的中间位置，切不可用力敲击砖体外侧，这样易造成砌体砖内外侧不水平； （2）横缝、竖缝的砂浆厚度应大致相同，将厚度控制在8—12 mm； （3）在砌筑过程中，可用激光水平仪的竖光线来校准砌体转角是否垂直； （4）对压顶石材进行45度角切割时，划线一定要准确，并且切割后的石材内边长度大于切割石材边长的四分之一

活动五：质量检查与清理现场

表 3-2-5　质量检查与清理现场

施工环节	施工内容	施工示例	注意事项
完成面标高复核	复核完成面标高（图中应为 0.540 m）		发现问题时，应及时采取调整措施
完成面水平度检查	检查完成面的水平度（水泡居中）		发现问题时，应及时采取调整措施
完成面长宽复核	复核完成面的长度、宽度（图中应为 1430 mm×912 mm）		发现问题时，应及时采取调整措施
完成面垂直度检查	检查完成面的垂直度（水泡居中）		发现问题时，应及时采取调整措施
场地清理	施工完毕后，清理打扫现场，工具清洗后回收至仓库		检查、打扫、清理完成面外墙，以达到观赏要求

图 3-2-6　花坛砌体完成效果图

总结评价

参照世界技能大赛园艺项目评价办法,本任务评价分为主观分评价和客观分评价两类。其中,主观分和客观分各占 50 分,共计 100 分(见表 3-2-6 和表 3-2-7)。

表 3-2-6　主观分评价表

序号	评价项目	评分标准	分值	得分
1	施工场地整洁情况	应做到:工具和材料摆放合理,工完、料尽、场地清,一切井然有序	10 分	
2	施工工艺及施工工序	应做到:完全按照规范要求进行操作,施工工艺合理,施工工序正确,全程井然有序、技术得当	10 分	
3	工具设备、材料及防护用具的使用情况	应做到:熟练、正确地使用工具设备和防护用具,且能根据材料的特性,准确、合理地使用	10 分	
4	花坛压顶及切割拼接	应做到:花坛压顶及切割面均非常整齐,拼接缝均匀美观	10 分	
5	花坛整体外观	应做到:花坛整体砌筑非常整齐,横平竖直,缝隙均匀饱满	10 分	
合计			50 分	

表 3-2-7　客观分评价表

序号	评价项目	评分标准	规定或标准值	结果或实际值	分值	得分
1	完成度	花坛是否按照图纸完成砌筑,完成得满分,未完成得0分	完成		10 分	

想一想

花坛砌体外观评价要求有哪些?如何提高外观质量?

想—想

哪些措施可以更好地控制完成面的长度、宽度、垂直度等?

想—想

失分的原因出在哪个环节?要如何改进?

序号	评价项目	评分标准	规定或标准值	结果或实际值	分值	得分
2	花坛标高	随机抽取五个点,对花坛完成面的标高进行测量,每点2分。误差小于等于2 mm,得满分;误差大于2 mm且小于等于4 mm,得1分;误差大于4 mm,不得分	0.540 m 或 0.380 m		10分	
3	花坛压顶尺寸	随机抽取五个点,对花坛压顶完成面的长宽进行测量,每点2分。误差小于等于2 mm,得满分;误差大于2 mm且小于等于4 mm,得1分;误差大于4 mm,不得分	1430 mm × 912 mm 或 912 mm × 882 mm		10分	
4	花坛砌体尺寸	随机抽取五个点,对花坛砌体完成面的长宽进行测量,每点2分。误差小于等于2 mm,得满分;误差大于2 mm且小于等于4 mm,得1分;误差大于4 mm,不得分	1400 mm × 882 mm 或 882 mm × 867 mm		10分	
5	花坛压顶水平	花坛压顶水平,用水平尺进行测量	水泡居中		10分	
合计					50分	

拓展学习

一、花坛的形状和立面类型

花坛的形状有圆形、方形、多边形、自然形等,如图 3-2-7 花坛的形状和立面类型。

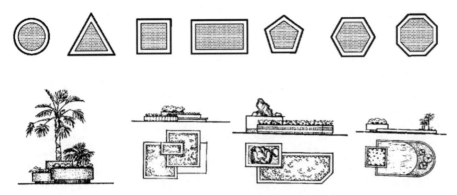

图 3-2-7　花坛的形状和立面类型

二、花坛在庭院景观中的布局形式

一般将花坛布置在道路的交叉口、建筑的正前方或园林绿地的入口处，或者置在广场的中央，即游客视线交会处，构成视觉中心，如图 3-2-8 所示。

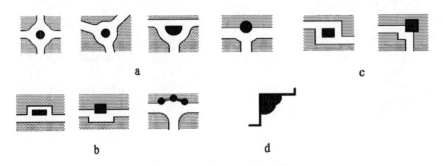

图 3-2-8　常见花坛的布局

花坛的平面和立面造型应根据所在园林空间的环境特点、尺度大小、拟栽花木生长习性和观赏特点来定。

思考与练习

一、思考题

1. 进行花坛砌体施工操作时，有可能会出现哪些安全隐患，如何避免安全事故的发生？

2. 如何在保证安全和质量的前提下，提高花坛砌体施工效率？

3. 如何砌筑一个外围长为 1200 mm、宽为 800 mm、高为 420 mm、厚为 240 mm 的长方形花坛砌体？

想一想

在生活中，你还见过哪些花坛砌体的形式？请用草图或实景照片的形式进行分享。

想—想

如何配置花坛内的植物，才可以做到花坛内一年四季皆有花可赏？

二、技能训练题

根据给定的花坛图纸（见图 3-2-9 和图 3-2-10），完成花坛砌体施工。

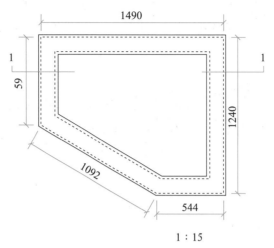

1：15

图 3-2-9　花坛平面图

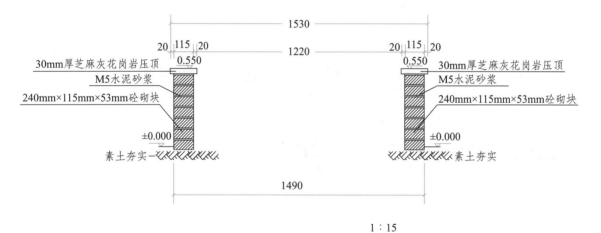

1：15

图 3-2-10　花坛剖面图

任务 3　景墙工程施工

学习目标

1. 能正确理解景墙工程施工图纸的设计意图和尺寸要求,并根据需求进行改进或深化设计。
2. 能根据设计图纸进行景墙施工工具和材料的准备、搬运、切割、堆砌、安装及保养等。
3. 能按照景墙工程施工工艺流程进行施工。
4. 能根据设计意图和尺寸测量、复核和计算景墙的定位、长度、宽度、高度、外观等,以满足业主需求。
5. 在施工过程中,能严格遵循园林工程施工安全操作规范,确保安全工作场地的整洁,养成一丝不苟、精益求精的工匠精神。

情景任务

在任务 2 中,已经完成了花坛砌体的施工,接下来要根据总平面图情况,完成庭院中指定位置的一个块石景墙施工。施工完成后,记得进行复测复验和场地清理。

思路与方法

进行景墙工程施工前,需要了解景墙砌体的详细尺寸、所用材料和工艺流程,并根据砌筑工艺特点进行施工和完成面的复核。

查一查

请查阅相关资料,总结园林建筑承重墙和景墙在使用材料、承受荷载和施工方法上的异同点。

一、什么是景墙?

景墙又称景观墙,既是园林中常见的一种不承重构筑物,也是景观小品的一种。其形式不拘一格,功能因需而设,材料使用也丰富多样。

根据功能的不同,可以将景墙分为围墙、边界墙、挡土墙、矮墙、标志墙等;根据材料的不同,可以将景墙分为合金景墙、黄木纹景墙、石笼挡墙、锈板挡墙、陶瓷景墙、植物景墙、玻璃景墙、水幕景墙、漏窗景墙等；根据形式的不同，可以将景墙分为独立景墙、连续景墙、生态景墙等。除了人们常见的园林中作为障景、漏景和背景的景墙外，很多城市还把景墙作为城市文化建设、改善市容市貌的重要方式。

二、本景墙任务在庭院中的哪个位置？

想一想

本任务中的景墙属于哪种材料、功能、形式的景墙？

1. 在总平面图中找到景墙的方位。从图 3-3-1 中可以看出，景墙在庭院的西北角，具体在图中红虚线范围内。

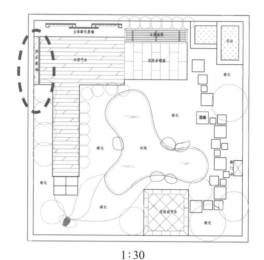

1:30

图 3-3-1　景墙在总平面图中的位置

2. 确定景墙的定位（见附录 2 中的图 LP-01、图 LP-03）。如图 3-3-2 所示，景墙的定位为 $X = 170 \sim 200$，$Y = 4900 \sim 6470$。

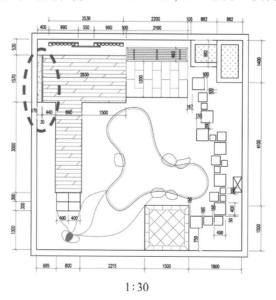

1:30

图 3-3-2　景墙在尺寸标注图中的位置

三、如何识读本景墙任务的尺寸规格？

想一想

你能根据所给的景墙立面图和剖面图，画出景墙的透视图吗？

景墙的规格多种多样，园林设计师可根据园林场地空间大小合理设计。景墙的尺寸有长度、宽度、高度。要识读景墙的尺寸规格，需要完成以下三个步骤。

1. 读出景墙的组成和长宽。如图 3-3-3 所示，这个景墙是一个独立单体景墙，长度为 1600 mm，宽度为 1000 mm。

2. 读出景墙的标高。从图 3-3-4 中可以看出，景墙部分的标高为 0.900 m。其中，± 0.000 m 以下还有 100 mm。

3. 读出墙身的厚度。从图 3-3-4 中可以看出，墙厚为 150 mm，是半砖墙。

想一想

你会读景墙施工图了吗？如果把图中的部分数据擦掉，你还能从施工图中读出景墙的尺寸规格并在空白处填上正确的数据吗？

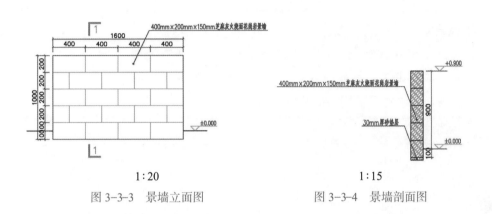

图 3-3-3　景墙立面图　　　　图 3-3-4　景墙剖面图

四、本景墙任务由哪些结构组成？

景墙结构一般由基础、垫层、墙身、贴面、压顶面等构成。本景墙任务自下而上由砂垫层和墙身组成。

五、本景墙任务由什么材料砌成？

从图 3-3-4 可以看出，景墙基础为 30 mm 厚砂垫层，墙身由 400 mm×200 mm×150 mm 芝麻灰火烧面花岗岩干垒而成。

六、要做好景墙砌筑，需要遵守哪些施工工艺流程？

想一想

砌筑的青瓦景墙和干垒的花岗岩景墙在施工上的异同点是什么？

景墙的施工工艺流程为：施工准备（人员、图纸、工具、材料）—定位放线—基槽开挖—基础夯实—场地平整—地基处理（涵管预埋）—垫层施工—底层铺砌—墙身铺砌—压顶施工（盖板）—抹缝与墙面装饰—灌水试验—尺寸检查和复核—外观验收—工具材料回收入库。具体施工工艺流程可以根据实际情况进行调整，实行少量交叉施工。

七、景墙的外观质量有什么要求？

景墙是庭院景观的重要组成部分，除了主要起观赏、分隔、挡土等作用外，还有排水、构成景观等功能，所以要求墙体表面干净、整洁、无通缝等，完成面的长度、宽度、高度误差不大于 20 mm。

八、景墙垒砌需要准备哪些工具和材料？

要做好景墙垒砌，需要准备以下工具和材料：（1）施工图纸；（2）墙身材料：芝麻灰花岗岩；（3）工具：水平尺、钢卷尺、铁锹、木夯、滑石粉、定位桩、激光水准仪、扫帚等；（4）个人防护用品：劳保鞋、护膝、手套、眼罩、耳罩或耳塞、口罩等。

> **注意事项**
>
> 由于墙身材料较重，需要有较好的体力才可安全进行搬运和施工。身体瘦弱者更加需要注意安全，比如，搬运材料时，注意轻拿轻放，动作符合人体工程学要求，不可猛搬猛丢。

 活动

活动一：施工准备

表 3-3-1　施工准备流程

施工环节	施工内容	施工示例	注意事项
熟读图纸	读熟园林施工图纸，理解设计意图		注意理解景墙与周边景物之间的关系
工具材料准备	准备施工工具、砌筑材料、个人防护用品		复核景墙材料的尺寸，考虑材料误差

施工环节	施工内容	施工示例	注意事项
复核放线	根据景墙施工图，用测量仪器把景墙的四个角点测设到地面上；在定位点处钉木桩，用尼龙绳按顺序连接各定位桩；根据施工图中的景墙图案，用石灰粉放线，以便施工		根据施工放线图和定位图，找准参考零点 $P(0,0)$

活动二：基础施工

表 3-3-2 基础施工流程

施工环节	施工内容	施工示例	注意事项
基槽开挖	开挖比景墙砌体基础宽 100 mm、深 150 mm 的景墙基槽		基槽底土面要整平、夯实，必要时可加固，不得留下不均匀沉降的隐患
基础夯实	将基槽底部基础先找平后夯实		夯实时，用力应均匀
垫层铺设	在基槽底部铺设 30 mm 厚砂垫层，进行找平和标高复核		砂垫层均匀夯实，面积可略大于基础面

活动三：墙身施工

表 3-3-3 墙身施工流程

施工环节	施工内容	施工示例	注意事项
底层施工	按照定位点从一侧开始铺砌		注意复核定位、标高、水平等
墙身干垒	从下往上逐层干垒墙身		逐层复核标高、水平、垂直度等，注意错缝。切割小石块时，要注意安全

活动四：质量检查与清理现场

表 3-3-4　质量检查与清理现场流程

施工环节	施工内容	施工示例	注意事项
完成面标高复核	复核完成面的标高（图中应为 0.900 m）		发现问题时，应及时采取调整措施
完成面水平度检查	检查完成面的水平度（水泡居中）		发现问题时，应及时采取调整措施
完成面长宽复核	复核完成面的长度、宽度（图中应为 1600 mm×1000 mm）		发现问题时，应及时采取调整措施
完成面垂直度检查	检查完成面的垂直度（水泡居中）		发现问题时，应及时采取调整措施
场地清理	施工完毕后，清理打扫现场，工具清洗后回收至仓库		检查、打扫、清理完成面外墙，以达到观赏要求

图 3-3-5　景墙完成效果图

 **总结评价**

参照世界技能大赛园艺项目评价办法，本任务评价分为主观分评价和客观分评价两类。其中，主观分和客观分各占 50 分，共计 100 分（见表 3-3-5 和表 3-3-6）。

想一想

如果把这个景墙换成标砖砌筑，你打算怎么砌筑？

想一想

景墙外观的评价要求有哪些？如何提高外观质量？

表 3-3-5 主观分评价表

序号	评价项目	评分标准	分值	得分
1	施工场地整洁情况	应做到：工具和材料摆放合理，工完、料尽、场地清，一切井然有序	10 分	
2	施工工艺及施工工序	应做到：完全按照规范要求进行操作，施工工艺合理，施工工序正确，全程井然有序、技术得当	10 分	
3	工作安全	应做到：熟练、正确地使用工具设备和防护用具，且能根据材料的特性，准确、合理地使用	10 分	
4	景墙干垒技术	应做到：满足景墙功能，景墙干砌，横缝尽量对齐，纵缝错缝，观赏面整齐美观，材料的加工口自然	10 分	
5	景墙整体外观	应做到：景墙整体外观优美平整，墙体表面干净整洁	10 分	
合计			50 分	

表 3-3-6 客观分评价表

想一想

哪些措施可以更好地控制完成面的长度、宽度、水平度、垂直度等？

序号	评价项目	评分标准	规定或标准值	结果或实际值	分值	得分
1	完成度	景墙是否按照图纸完成干砌，完成得满分，未完成得 0 分	完成		10 分	
2	墙体完成面标高	随机抽取两个点，对景墙完成面的标高进行测量，每点 5 分。误差小于等于 2 mm，得满分；误差大于 2 mm 且小于等于 4 mm，得 1 分；误差大于 4 mm，不得分	0.900 m		10 分	

（续表）

想—想

失分的原因出在哪个环节？要如何改进？

序号	评价项目	评分标准	规定或标准值	结果或实际值	分值	得分
3	墙体完成面长度	随机抽取两层，对景墙完成面的长度进行测量，每层5分。误差小于等于2 mm，得满分；误差大于2 mm且小于等于4 mm，得1分；误差大于4 mm，不得分	1600 mm		10分	
4	墙体完成面垂直度	随机抽取两个点，对景墙完成面进行垂直度测试，每点5分。要求测量仪气泡居水平框内，超出水平框一点，扣5分，扣完为止	水泡居中		10分	
5	墙体完成面水平度	随机抽取两个点，对景墙完成面进行水平度测试，每点5分。要求测量仪气泡居水平框内，超出水平框一点，扣5分，扣完为止	水泡居中		10分	
合计					50分	

拓展学习

石笼挡墙

石笼挡墙也称石笼网挡墙（见图3-3-6），它是一种将方格网片组装成箱笼，并装入块石等填充料后，用作景墙、挡土墙、护坡护岸等的新技术。按其结构形式，可分为挡墙、护坡、护底、护脚、水下抛石等。因为构成方格网防护体的钢丝具有一定的抗拉强度，不易被拉断，且填充料之间又充满了空隙，所以石笼挡墙具有一定的适应变形能力。当地基情况发生变化时，如发生不均匀沉降、地震等，箱内填充料因受箱笼的约束而不会跑到箱笼外，会自行调整并形成新的平衡；又因箱笼是柔性结构，因此，防护工程表面可能会发生小的变异，但不会发生裂缝或网

试—试

调查身边各种材质、各种形式的景墙（挡墙），并拍照和制作成PPT后进行分享。

图 3-3-6 石笼挡墙

箱被拉断而造成防护体被破坏的现象。

石笼挡墙的制作步骤包括基础施工、石笼装配、石笼填充、石笼安装等。

1. 基础施工。石笼挡墙基础应根据承载力设计要求施工。一般采用 C20 以上混凝土作为石笼挡墙的基础。

2. 石笼装配。石笼焊接网通常由纵向金属丝与横向金属丝在交叉点处焊接制成。这种网成片或成卷供应，然后被切成需要的平板尺寸。将石笼的前面、后面、侧面和横隔板用夹子夹在底面板上；盖子既可以夹在前面板或者后面板上，也可以散放。所有石笼板片均应作防腐处理。

3. 石笼填充。在石笼网箱内填充符合要求的石料后，就构成一个完整的石笼。石笼网内填筑的石材必须质地坚硬，抗风化性强，有足够大的抗压强度，并且表面洁净。

4. 石笼安装。将填充好石块的石笼安装到位。若为多层安装，应接缝交错，使竖向连接处相互偏离，并将空网筐绑扎到充好的网筐上进行填充，以此类推。最后，还应检查石笼网有没有尖锐金属头裸露的情况。

想—想

在生活中，你还见过哪些景墙的形式？请用草图或实景照片的形式进行分享。

 思考与练习

一、思考题

1. 请简要说出做一个长为 2000 mm、宽为 400 mm、高为 400 mm 的石笼景墙的施工工艺流程。

2. 如何在保证安全和质量的前提下, 提高干垒景墙施工效率?

二、技能训练题

根据给定的黄木纹景墙施工图纸 (见图 3-3-7 和图 3-3-8) , 完成黄木纹景墙施工。

想一想

如何安排黄木纹景墙、水景及周边其他景物的施工顺序, 如何处理景物与景物之间的衔接关系?

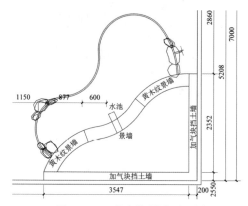

图 3-3-7　黄木纹景墙平面图

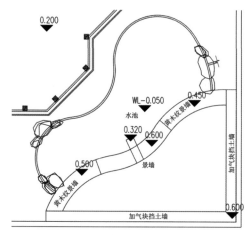

图 3-3-8　黄木纹景墙标高图

模块四

园林小品工程施工

园林小品是指园林景观中体量小巧、造型新颖、立意有章、适得其所的用来点缀园林空间和增添园林景致的小型设施，是园林环境中不可缺少的组成要素。园林小品虽不像园林中主体建筑处于举足轻重的地位，但它却像园林中瑰丽的花朵，闪烁在园林中，使园林景观更富有表现力。

　　园林小品既具有简单的实用功能，又具有装饰品的造型艺术特点。因此，它既有园林建筑技术的要求，又有造型艺术和空间组合上的美感要求。在园林中，它既可作为实用设施，又可作为点缀风景的装饰小品，富有园林特色和地方色彩，在园林各处供人评赏、引人遐想。园林小品包括建筑小品（如亭台、楼阁、牌坊）、生活设施小品（如座椅、电话亭、垃圾桶）、道路设施小品（如车站牌、防护栏、道路标志）。

　　在世赛园艺项目竞赛中，园林小品是比赛模块，出现的形式以木栈道、木桥、花架、园凳等为主，主要考查选手的计算能力和动手能力。本模块重点介绍木质平台施工和园凳施工。

4-0-1　木质平台施工　　　　　　　　　　4-0-2　园凳施工

4-0-3　其他园林小品景观

任务 1 木质平台施工

 学习目标

1. 能理解木质平台施工图纸的尺寸要求和设计意图，按照图纸要求进行定位放样。
2. 能掌握木质材料的角切、方形切、斜切及其他切割料件的工艺，并按照图纸规定，使用合适的标记工具在材料上进行标记，方便切割并正确、合理地使用工具进行材料加工。
3. 能进行木质材料的准备、搬运等，并按照木质工程施工工艺要求和施工流程以及技术规范进行施工。
4. 施工完成后，能根据设计意图复核园林木作的定位、长度、宽度、高度、外观等，以满足结构要求和外观观赏要求。
5. 在施工过程中，能严格遵守木材加工安全操作规范，注意自身安全防护，并确保工作场地的整洁。

 情景任务

在前面的模块中，已经完成了景墙的施工，接下来要按照所给庭院景观施工图中木质平台的尺寸和材料等要求在庭院的指定位置完成一个木质平台。施工完成后，记得进行复测复验和场地、工具整理。

 思路与方法

什么是园林木作？园林木作是指利用木材进行加工、组装，形成具有一定功能性和观赏性的木质作品，常见的有木质平台、木廊架、木桥等。

木作的一般结构包括哪些？木作一般具有基础部分、支撑立柱、木龙骨、面层、封板等。

怎样进行木作施工？进行木质平台施工前，需要了解木质平台的详细尺寸、结构构造、使用材料和施工工艺，并根据施工流程特点进行施工和完成面的复核。

查一查

庭院中常出现的木作。

想—想

用于制作园林木作的木质材料一般有哪些种类？它们分别有哪些特性？比较它们的异同点。

想—想

木质平台中龙骨、面板之间一般具有什么样的关系？

一、本木质平台任务在庭院中的哪个位置？

1. 在总平面图中找到木质平台的方位。从图4-1-1中可以看出，木质平台在庭院的西侧，具体在图中红虚线范围内。

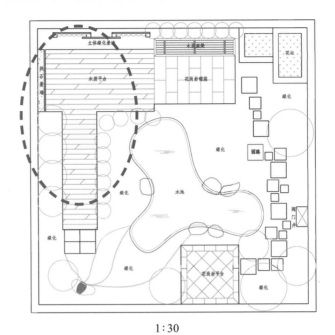

1 : 30

图4-1-1 木质平台在总平面图中的位置

2. 确定木质平台的定位（见附录2中的图LP-03）。如图4-1-2所示，木质平台的定位为 $X = 200 \sim 3030$，$Y = 1900 \sim 6470$，具体每个角点的 X、Y 值可以从尺寸标注图中计算得出。

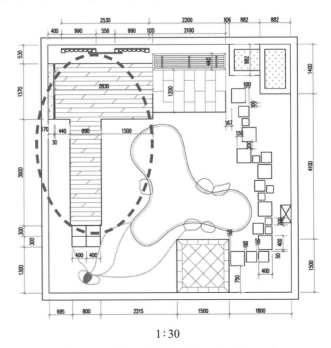

1 : 30

图4-1-2 木质平台在尺寸标注图中的位置

二、如何识读本木质平台任务的尺寸规格？

要识读木质平台的尺寸规格，就需要结合尺寸标注图和木质平台详图，完成以下三个步骤。

1. 读出木质平台的组成和长宽。如图 4-1-3 所示，这个木质平台形似"T"，可以分解为上下两部分："T"形的上半部分尺寸为 1570 mm × 2830 mm，下半部分尺寸为 900 mm × 3000 mm。

2. 读出木质平台的标高。从附录 2 中的图 LP-05 可以看出，木质平台两部分的标高均为 0.150 m。然后，根据面板和木龙骨的规格，可以推断出木质平台中各结构的顶面标高。

3. 读出木质平台的结构。如图 4-1-3 所示，木质平台由基础构件（成品支座）、木龙骨（木梁）、面板、封板四部分相互衔接组成。

想一想

木质平台施工过程中，怎样才能更快、更好地确定木龙骨的位置和面板缝隙的大小？

想一想

你会读木质平台施工图了吗？如果把图中的部分数据擦掉，你还能从施工图中读出木质平台的尺寸规格并在空白处填上正确的数据吗？

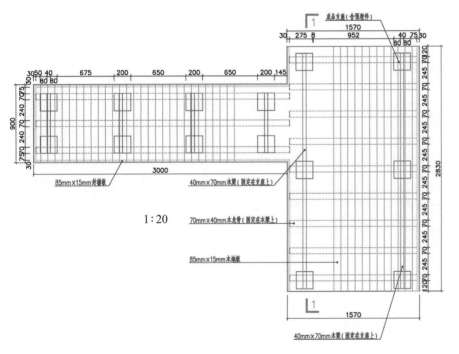

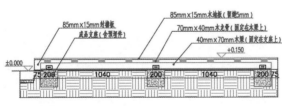

图 4-1-3　木质平台平面图及剖面图

三、本木质平台任务由哪些结构组成？

从图4-1-3中可以看出，本木质平台任务自下而上由成品支座（含预埋件）、40 mm×70 mm木梁（固定在支座上）、70 mm×40 mm木龙骨（固定在木梁上）、85 mm×15 mm木地板（留缝5 mm）和85 mm×15 mm木檐板构成。

四、本木质平台任务由什么材料制作而成？

从图4-1-3中可以看出，木质平台基础为成品支座，其上用不同规格的木材和自攻螺丝进行衔接固定。

五、要做好木质平台，需要遵守哪些施工工艺流程？

木质平台的施工工艺流程为：施工准备（人员、图纸、工具、材料）—定位放线与场地平整—基础开挖—基础夯实—基础支座施工—截料加工—木梁、木龙骨安装—面板铺设—封板制作—完成面打磨—尺寸检查和复核—检查验收—工具材料回收入库。具体施工工艺流程可以根据实际情况进行调整，实行少量交叉施工。

六、木质平台的外观质量有什么要求？

木质平台是庭院景观的重要组成部分，主要起休憩、交通等作用，所以要求表面平整，缝隙大小均匀合理，面板颜色相同或相近，螺丝钉位于同一直线上并略低于面板等；完成面水平度、长度、宽度、标高应与施工图一致，误差不大于2 mm；面板经过打磨后无毛刺，固定牢固；面板与面板之间的缝隙大小均匀，一般在6—8 mm。

七、木质平台施工需要准备哪些工具和材料？

要做好木质平台，需要准备以下工具和材料：（1）施工图纸；（2）本质平台材料：图纸规定木材、成品支座、自攻螺丝等；（3）工具：棉线、铅笔、水平尺、卷尺、直角钢尺、铁锹、滑石粉、定位桩、扫帚、木质手夯、打磨砂纸等；（4）机械：木材切割机、角磨机、手电钻等；（5）个人防护用品：劳保鞋、护膝、手套、护目镜、耳罩或耳塞、口罩等。

想一想

施工过程中，怎样避免安全事故的发生？

注意事项

安全无小事，施工过程中一定要注意施工安全！比如：搬运材料时，注意轻拿轻放；加工切割材料时，严格按照工具使用规范，不可随意使用。

活动一: 定位放线与场地平整

表 4-1-1　定位放线与场地平整流程

施工环节	施工内容	施工示例	注意事项
定位放样	根据木质平台施工图,结合卷尺、泥子粉、定位桩等把木质平台的八个角点测设到地面上;在定位点处钉木桩,用尼龙绳按顺序连接各定位桩;根据施工图中的木质平台图案,用泥子粉放线,勾勒出图案		根据施工放线图和定位图,找准参考零点 $P(0,0)$
场地平整	在操作区域内用木夯对场地进行夯实平整		夯实时,用力应均匀,并进行分层夯实

活动二: 基础施工

表 4-1-2　基础施工流程

施工环节	施工内容	施工示例	注意事项
基础开挖,基础夯实,成品支座施工	根据放线定位,在适当的位置进行开挖并夯实,对成品支座进行安置,使其标高定位合理		基础开挖时,可适当增大开挖区域;支座安置好后,应回土并将周围掩埋、夯实

活动三: 木质平台主体施工

表 4-1-3　木质平台主体施工流程

施工环节	施工内容	施工示例	注意事项
木梁、木龙骨安装	根据图纸尺寸要求,把木梁与支座衔接起来,然后在木梁上固定木龙骨		安装木梁和木龙骨时,要保持间距一致,能与面板铺设方向垂直

（续表）

施工环节	施工内容	施工示例	注意事项
面板铺设	在木龙骨上铺设面板，面板与龙骨垂直，再用自攻螺丝进行固定。自攻螺丝要钉在木龙骨的中心位置，在每个面板上钉两颗螺丝钉		铺设面板时，注意控制面板缝隙；制作过程中，选取颜色相同或相近且通直的面板，如遇稍微弯曲的面板，可在打钉固定时进行调整；面板上的螺丝钉应钉在木龙骨上并钉在一条直线上
封板制作	面板铺设完成后，根据图纸进行封板。封板要紧贴面板，拐角处可进行倒角处理		应尽量采用整板，必须保持封板与面板垂直且上表面与面板平齐
安装面打磨，复测调整	木质平台完成后，要使用砂纸或者磨光机对完成面进行打磨。打磨时，要磨掉切割产生的毛刺和木板边缘锋利的部分，并对面板上不干净或其他影响观赏要求和安全隐患的地方进行打磨和调整。最后，根据完整的施工图纸进行复测和调整，使其完全符合要求		复测过程中，除了对木质平台的长度、宽度、高度、水平度等进行检测外，还需要确认对角线是否相等

活动四：质量检查与清理现场

表 4-1-4　质量检查与清理现场流程

施工环节	施工内容	施工示例	注意事项
完成面标高复核	使用带刻度的水平尺并配合投线仪进行标高测量，复核完成面的标高（图中应为 ± 0.150 m）		测量过程，水平尺必须与水平面垂直后再进行读数
完成面水平度复核	用水平尺检查完成面的水平度（水泡居中）		水平尺和测量面不应有任何遮挡物
完成面长宽复核	用卷尺复核完成面的长度、宽度		测量过程，卷尺要保持平直，中间不能有遮挡物
钉子复核	检查钉子是否有少打、漏打的情况，钉帽应全部与面板相平或略低一点，不可高于面板		发现问题时，应及时采取调整措施

（续表）

施工环节	施工内容	施工示例	注意事项
面板缝隙和面板色泽同一性复核	完成后的面板缝隙应大小均匀一致，面板色差应没有或较小		在选材时，应选择色泽统一或相近且未出现弯曲的面板
场地清理	清理场地内及周围除作品以外的一切东西，并把剩余可用材料和工具回收至仓库		工具清洗干净后再入库

图 4-1-4　木质平台完成效果图

　总结评价

参照世界技能大赛园艺项目评价办法，本任务评价分为主观分评价和客观分评价两类。其中，主观分和客观分各占 50 分，共计 100 分（见表 4-1-5 和表 4-1-6）。

表 4-1-5　主观分评价表

序号	评价项目	评分标准	分值	得分
1	施工场地整洁情况	应做到：工具和材料摆放合理，工完、料尽、场地清，一切井然有序	10 分	
2	施工工艺及施工工序	应做到：完全按照规范要求进行操作，施工工艺合理，施工工序正确，全程井然有序、技术得当	10 分	
3	工具设备、材料及防护用具的使用	应做到：熟练、正确地使用工具设备和防护用具，且能根据材料的特性，准确、合理地使用	10 分	

想一想

要调整木质平台的缝隙，有哪些好的方法？

想一想

哪些措施可以更好地控制完成面的长度、宽度、水平度等？

想一想

木作制作过程中有很多施工工艺，如何通过标记木材来提高制作效率？

（续表）

序号	评价项目	评分标准	分值	得分
4	打钉及面板缝隙处理	应做到：钉帽位于一条直线上，面板缝隙大小均匀一致	10分	
5	木平台整体外观	应做到：木质平台整洁舒适，切割处光滑一致，整体稳定	10分	
合计			50分	

表 4-1-6　客观分评价表

序号	评价项目	评分标准	规定或标准值	结果或实际值	分值	得分
1	木质平台是否按照图纸完成	完成得满分，未完成得 0 分	完成		10分	
2	完成面标高	随机抽取五个点，每点 2 分。误差小于等于 2 mm，得满分；误差大于 2 mm 且小于等于 4 mm，得 1 分；误差大于 4 mm，不得分	+ 0.150 m		10分	
3	完成面尺寸	随机抽取五个点，每点 2 分。误差小于等于 2 mm，得满分；误差大于 2 mm 且小于等于 4 mm，得 1 分；误差大于 4 mm，不得分	长为 2 830 mm、3 000 mm，宽为 900 mm、1570 mm		10分	
4	打钉位置及面板缝隙均匀	对打钉位置及面板缝隙均匀一致性进行考核。一处不符合规范扣 1 分，扣完为止	钉子位于一条直线上，面板缝隙均匀一致		10分	
5	完成面平整度	随机抽取五个点，对完成面进行平整度测试，每点 2 分。要求测量仪气泡居水平框内，超出水平框一点扣 2 分，扣完为止	气泡居中		10分	
合计					50分	

想一想

总结作品的得与失，看看哪些步骤可以做得更好？哪些需要改进？

拓展学习

一、现代木结构形式

1. 框架结构

框架结构中，梁为受弯构件，主要承受竖向荷载，并将竖向荷载通过节点传递给柱，由柱来承受压力。框架结构的传力方式简洁明了，同时在视觉上给人以稳定的感觉，空间宽敞，开窗通亮，增强空间的穿透性。现代的轻质木框架结构被广泛应用于住宅建筑中。

2. 桁架结构

桁架结构是由杆件组成的一种格构式结构体系。在外力作用下，桁架的杆件内力是轴向力（拉力或压力），分布均匀，受力合理。

3. 拱结构

拱结构是建筑形态与结构受力相融合的一种结构形态。在外力作用下，拱内弯矩降低到最小限度，主要内力变为轴向压力，应力分布均匀，能充分利用材料强度。近年来，拱结构逐渐成为建筑美学的一种重要表现。

4. 悬索结构

悬索结构是以索来跨越大空间的结构体系，只承受轴向拉力，既无弯矩也无剪力，充分发挥了材料的抗拉强度。目前，悬索结构的木建筑多用于木桥中。

5. 悬挑结构

悬挑结构是将梁板、桁架等构件从支座处向外作远距离延伸，构成一种无视线阻隔的空间。悬挑结构能产生倾覆力矩，这在一定程度上限制了悬挑跨度。悬挑结构的空间组合灵活，建筑造型轻盈活泼。

6. 网架结构

网架结构是由杆件以一定规律组成的网状结构，具有结构布置灵活、外观轻巧等特点。在平面或节点外力作用下，杆件主要受力形态为轴向拉压，能充分发挥材料自身的功能。同时，杆件通过节点连接形成整体效应，具有面外刚度，整体受弯，是大跨度建筑的理想选择。

7. 薄壳结构

薄壳结构通常包括球壳、筒壳、扁壳、扭壳等多种形式。它们的共同特点在于呈空间受力状态；能发挥结构的空间作用，把垂直于壳体表面的外力分解为壳体面内的薄膜受力，再传递给支座，承受较小的弯矩和扭矩。

查一查

木结构也称木作，是中国传统房屋、家具等制作的主要构件。请你调查一下身边的园林绿地中有哪些景物由木结构制作而成。

二、中国传统的木构架结构

1. 抬梁式

抬梁式又称叠梁式，由柱、梁、檩、枋四大类基本构件组成。其施工流程如下：在屋基上立柱，柱上支梁，梁上放短柱，其上再置梁，梁的两端并承檩；如是层叠而上，并通过在最上面的梁中央放脊瓜柱来承托脊檩。这种结构属于梁柱体系，在我国应用很广，多被用于官式建筑和北方民间建筑。

2. 穿斗式

穿斗式又称立贴式，由柱、檩、穿、挑四大类基本构件组成。其施工流程如下：用穿枋把柱子串联起来，形成一榀一榀的房架，再把檩条直接搁置在柱子上，并沿檩条方向用斗枋把柱子串联起来，由此形成一个整体框架。穿斗式构架柱距较小，柱径较细的落地柱与短柱直接承檩，柱间不施梁而用若干穿枋连接，并以挑枋承托出檐。这种结构属于檩柱体系，被广泛用于江西、湖南、四川等季风较多的南方地区。

想—想

在生活中，你见过哪些木作的形式？请用手绘或拍照的形式进行分享。

 思考与练习

一、思考题

1. 木材有哪些种类？加工木材所用到的工具有哪些？

2. 木材腐朽的原因有哪些？防腐措施有哪些？

3. 如何制作一个长为 2400 mm、宽为 850 mm、高为 420 mm 的木质平台？

二、技能训练题

根据给定的图纸（见图 4-1-5 和 4-1-6），完成木质平台施工。

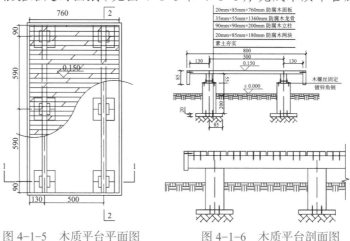

图 4-1-5 木质平台平面图　　图 4-1-6 木质平台剖面图

任务 2　园凳施工

学习目标

1. 能理解园凳施工图纸的尺寸要求和设计意图，按照图纸要求进行定位放样。
2. 能掌握木质材料的切割工艺，并按照图纸规定，使用合适的工具进行标记及材料加工。
3. 能进行园凳施工材料的准备、搬运等，并按照木质工程施工工艺要求和施工流程以及技术规范进行施工。
4. 施工完成后，能根据设计图纸、结构要求和外观要求对园凳的定位、长度、宽度、高度、外观等进行复核。
5. 在施工过程中，能严格遵守工具使用安全操作规范，注意自身安全防护，并确保工作场地的整洁，培养一丝不苟、精益求精的工匠精神。

情景任务

在任务 1 中，已经完成了的木质平台的施工，接下来要按照所给庭院景观施工图中园凳的尺寸和材料等要求在庭院的指定位置完成一个园凳制作。施工完成后，记得进行园凳尺寸复测复验、材料回收以及场地、工具的整理。

思路与方法

园凳是园林景观中功能性小品的代表，主要是指园林绿地内不仅起着观赏作用，还能独立地为游客提供临时休憩的小型设施，分为有靠背座凳和无靠背座凳。

一、园林中的园凳有哪些类型？

园林中的园凳根据材质的不同，可以分为木园凳、石园凳、金属园凳、塑料园凳和砼园凳等，如图 4-2-1、4-2-2 所示。本庭院的园凳是

说一说

通过查阅相关资料和小组交流，简述一下如何利用钢筋、水泥等建筑材料制作一套塑石仿木纹园桌凳。

由轻质砖和防腐木两种材质共同制作而成。

图 4-2-1　砼仿木纹园凳　　图 4-2-2　防腐木凳面园凳

二、本园凳任务在庭院中的哪个位置？

1. 在总平面图中找到园凳的方位。从图 4-2-3 中可以看出，园凳在庭院的北面，具体在图中红虚线范围内。

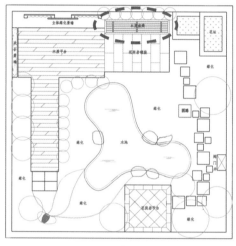

1∶30

图 4-2-3　园凳在总平面图中的位置

2. 确定园凳的定位。如图 4-2-4 所示，园凳的定位为 $X = 3030 \sim 5130$，$Y = 6282 \sim 6742$。

想一想

园凳施工过程中，怎样才能更快、更好地确定木龙骨的位置和面板缝隙的大小？

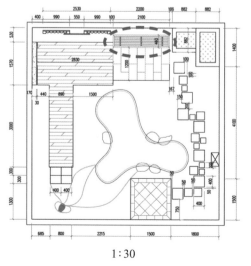

1∶30

图 4-2-4　园凳在尺寸标注图中的位置

三、如何识读本园凳任务的尺寸规格？

要识读园凳的尺寸规格，就需要结合尺寸标注图和园凳施工详图，完成以下三个步骤。

1. 读出园凳的组成和长宽。如图4-2-5所示，这个园凳的木作表面是长方形，尺寸为2100 mm×460 mm。园凳基础部分为砌筑基础，没有明确指明砌筑材料，所以可以采用标准砖或轻质砖砌筑。本任务用240 mm×600 mm×200 mm的轻质硅砌筑园凳基础。

2. 读出园凳的标高。从图4-2-5中可以看出，园凳的整体标高为素土夯实垫层以上0.580 m。

3. 读出园凳的结构。如图4-2-5所示，园凳由素土夯实、M5水泥砂浆砌筑基础、50 mm×50 mm防腐木面板、50 mm×50 mm防腐木龙骨和150 mm×50 mm防腐木边板组合而成。

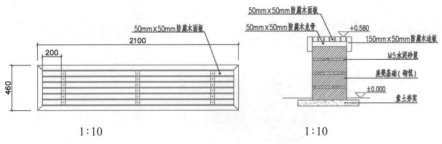

图4-2-5 园凳平面图及剖面图

想—想

你会读园凳施工图了吗？如果把图中的部分数据擦掉，你还能从施工图中读出园凳的尺寸规格并在空白处填上正确的数据吗？

四、园凳由哪些结构组成？

园凳外形有圆形、方形、长条形、S形等，一般结构由基础、凳脚、凳腿、凳面、靠背等部分组成。

想—想

轻质砖砌筑和水泥标准砖砌筑有什么不同？轻质砖切割和水泥标准砖切割又有什么不同？

五、要做好园凳，需要遵守哪些施工工艺流程？

园凳的施工工艺流程为：施工准备（人员、图纸、工具、材料）—定位放线与场地平整—基础开挖—素土垫层夯实—基础施工—截料加工—木梁、木龙骨安装—面板铺设—封板制作—完成面打磨—尺寸检查和复核—检查验收—工具材料回收入库。具体施工工艺流程可以根据实际情况进行调整，实行少量交叉施工。

六、园凳的外观质量有什么要求？

园凳是庭院景观的重要组成部分，主要起观赏、休憩及置物等作用，所以要求表面平整，缝隙大小均匀合理，面板颜色相同或相近，螺丝钉在同一直线上并略低于面板，面板无裂缝缺损等。

想—想

在制作和调整园凳面板之间的缝隙的过程中，采用哪些方法可以保持缝隙均匀一致？

七、园凳施工需要准备哪些工具和材料？

要做好园凳，需要准备以下工具和材料：（1）施工图纸；（2）园凳材料：图纸规定轻质砖、砂浆、木龙骨、封板、面板、自攻螺丝等；（3）工具：棉线、铅笔、水平尺、卷尺、直角钢尺、铁锹、滑石粉、定位桩、扫帚、木夯、打磨砂纸、木工锯等；（4）机械：木材切割机、角磨机、手电钻等；（5）个人防护用品：劳保鞋、护膝、手套、护目镜、耳罩或耳塞、口罩等。

活动一：定位放线与场地平整

表 4-2-1　定位放线与场地平整流程

施工环节	施工内容	施工示例	注意事项
施工准备	熟读图纸，计算尺寸		根据施工放线图和定位图，找准参考零点 $P(0,0)$
定位放样	根据园凳施工图，先把园凳的四个角点复核定位到工作区；再在定位点处钉定位桩，用尼龙绳按顺序连接各定位桩；最后根据施工图中的园凳图案，用泥子粉放线，勾勒出图案		根据施工放线图和定位图，找准参考零点 $P(0,0)$

活动二：基础施工

表 4-2-2　基础施工流程

施工环节	施工内容	施工示例	注意事项
基础开挖	根据放线定位，在适当的位置进行开挖		可适当增大基础开挖区域，并保护已完成的周边景物

施工环节	施工内容	施工示例	注意事项
基础夯实	对园凳底层的素土基础进行夯实，使其标高定位合理		素土夯实时，注意用力均匀，一夯压半夯，夯夯相接，不留间隙
轻质砖基础施工	将轻质砖和 M5 水泥砂浆结合起来，砌筑园凳基础		注意保护轻质砖的表面美观和棱角，砂浆制备合理
轻质砖基础垂直度复核	用水平尺对完成的园凳进行垂直度复核		要求水泡居中；发现问题后应及时调整

活动三：凳面施工

表 4-2-3　凳面施工流程

施工环节	施工内容	施工示例	注意事项
木龙骨安装	根据图纸尺寸要求，把木龙骨固定在基础上		安装木龙骨时，要保持稳定、水平且间距一致，能与面板铺设方向垂直
面板铺设	在木龙骨上铺设面板，面板与木龙骨垂直，再用自攻螺丝进行固定。自攻螺丝要钉在木龙骨的中心位置，在每个面板上钉两颗螺丝钉		面板可密缝或者留 5 mm 左右的缝隙；制作过程中，选取颜色相同或相近且通直的面板，如遇稍微弯曲的面板，可在打钉固定时进行调整；面板上的螺丝钉应钉在木龙骨上并钉在一条直线上
封板制作	面板铺设完成后，根据图纸进行封板。封板要紧贴面板，拐角处可进行倒角处理		应尽量采用整板，必须保持封板与面板垂直且上表面与面板平齐

（续表）

施工环节	施工内容	施工示例	注意事项
安装面打磨，复测调整	凳面完成后，要使用砂纸或者角磨机对完成面进行打磨。打磨时，要磨掉切割产生的毛刺和木板边缘锋利的部分，并对面板上不干净或其他影响观赏要求和安全隐患的地方进行打磨和调整。最后，根据完整的施工图纸进行复测和调整，使其完全符合要求		复测过程中，除了对园凳的长度、宽度、高度、水平度等进行检测外，还需要确认对角线是否相等

活动四：质量检查与清理现场

表 4-2-4　质量检查与清理现场流程

施工环节	施工内容	施工示例	注意事项
完成面标高复核	使用带刻度的水平尺并配合投线仪进行标高测量，复核完成面的标高（图中应为 0.580 m）		测量过程中，水平尺必须与水平面垂直后再进行读数
完成面水平度检查	用水平尺检查完成面的水平度（水泡居中）		水平尺和测量面不应有任何遮挡物
完成面长宽复核	用卷尺复核完成面的长度、宽度（图中应为 2100 mm×460 mm）		测量过程中，卷尺要保持平直，中间不能有遮挡物
钉子复核	检查钉子是否有少打、漏打的情况，钉帽应全部与面板相平或略低一点，不可高于面板		一般面板宽度超过 80 mm 时应打双钉，本任务中的园凳面板可打单排钉

（续表）

施工环节	施工内容	施工示例	注意事项
面板缝隙和面板色泽同一性复核	完成后的面板缝隙应大小均匀一致，面板色差应没有或较小		选材时，要选择颜色相同或相近且通直的面板
场地清理	清理场地内及周围除作品以外的一切东西，并把剩余可用材料和工具回收至仓库		工具清洗干净后再入库

图 4-2-6 园凳完成效果图

总结评价

参照世界技能大赛园艺项目评价办法，本任务评价分为主观分评价和客观分评价两类。其中，主观分和客观分各占 50 分，共计 100 分（见表 4-2-5 和表 4-2-6）。

表 4-2-5 主观分评价表

序号	评价项目	评分标准	分值	得分
1	施工场地整洁情况	应做到：工具和材料摆放合理，工完、料尽、场地清，一切井然有序	10 分	
2	施工工艺及施工工序	应做到：完全按照规范要求进行操作，施工工艺合理，施工工序正确，全程井然有序、技术得当	10 分	
3	工具设备、材料及防护用具的使用	应做到：熟练、正确地使用工具设备和防护用具，且能根据材料的特性，准确、合理地使用	10 分	

想一想

哪些措施可以更好地控制园凳完成面的长度、宽度、水平度等？

想一想

如何在园凳施工环节中节约时间并提高工作效率？

（续表）

序号	评价项目	评分标准	分值	得分
4	打钉及面板缝隙处理	应做到：钉帽位于一条直线上，面板缝隙均匀一致	10分	
5	园凳整体外观	应做到：园凳整洁舒适，切割处光滑一致，整体稳定	10分	
合计			50分	

表4-2-6 客观分评价表

想一想

总结作品的得与失，看看哪些步骤可以做得更好？哪些需要改进？

序号	评价项目	评分标准	规定或标准值	结果或实际值	分值	得分
1	园凳是否按照图纸完成	完成得满分，未完成得0分	完成		10分	
2	完成面标高	随机抽取五个点，每点2分。误差小于等于2 mm，得满分；误差大于2 mm且小于等于4 mm，得1分；误差大于4 mm，不得分	0.580 m		10分	
3	完成面尺寸	随机抽取五个点，每点2分。误差小于等于2 mm，得满分；误差大于2 mm且小于等于4 mm，得1分；误差大于4 mm，不得分	长为2100 mm，宽为460 mm		10分	
4	打钉位置及面板缝隙均匀	对打钉位置及面板缝隙进行考核。一处不符合规范扣1分，扣完为止	钉子位于一条直线上，面板缝隙均匀一致		10分	
5	完成面平整度	随机抽取五个点，对完成面进行平整度测试，每点2分。要求测量仪气泡居水平框内，超出水平框一点扣2分，扣完为止	气泡居中		10分	
合计					50分	

 拓展学习

塑石工艺在园凳中的应用

塑石是指用人造材料（如钢筋、水泥、砖）按照自然山石的石纹、石型等塑造（创造）出来的仿自然石头艺术品。塑石工艺是指制作塑石的施工方法。利用塑石的施工方法，可以制作出如仿木、仿石的大型景物，如塑石假山、仿木塑石园凳、音响、指示牌、垃圾桶等。

塑石工艺的施工步骤为：基础施工—建造骨架结构（钢骨架、砖骨架或混合骨架）—泥底塑型（用水泥、黄泥、河沙等配成可塑性较强的砂浆，在已砌好的骨架上塑型、反复加工，使造型、纹理、塑体和表面刻画基本接近模型）—塑面（在塑体表面细致地刻画石或木的质感、色泽、纹理和表层特征）—上色（在塑体表面水分未干透时进行，基本色调用颜料粉和水泥加水拌匀，逐层洒染）—成型。

① 量制座椅

② 砌筑座椅腿

③ 初步成型

④ 砂浆罩面

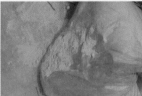
⑤ 凳身上色

⑥ 园凳成形

图 4-2-7 仿木纹园凳施工工艺

 思考与练习

一、思考题

1. 试调查身边的建材市场，列举出常见的钢材种类。

2. 调查身边公园绿地内带座凳的园林建筑，分析园林建筑与座凳之间结合的方式，并画出座凳的结构。

3. 试列举出图 4-2-2 所示园凳的施工流程。

试一试

园椅、园凳是园林中供游客休息的设施。请你调查一下身边园林绿地中的园椅和园凳，并拍照和制作成PPT后进行分享。

二、技能训练题

根据给定的石笼座凳施工图（见图4-2-8），完成石笼座凳施工。

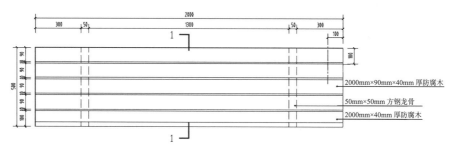

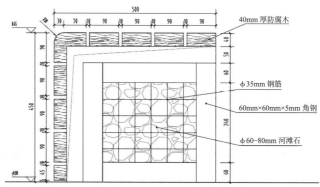

图4-2-8　石笼座凳施工图

模块五

园林水景工程与电气安装施工

园林水景是指园林中各种水景的总称。园林水景是园林景观和给水、排水的有机结合，一般包括湖泊、水池、水塘、溪流、水坡、水道、瀑布、水帘、跌水、水墙和喷泉等。园林电气是指园林景观中所有与电有关的设施设备等，这些设施设备也是园林景观不可分割的一部分。

在世赛园艺项目竞赛中，园林水景是比赛模块；园林电气安装一般不单独考核，但也是其他模块考核时不可缺少的部分。本模块重点考查对园林水电等设施设备的规范安装和造景能力。

图 5-0-1 园林水景工程施工

图 5-0-2 园林电气安装施工

任务 1 园林水景工程施工

1. 能正确识读水景施工平面图，并按照平面图的尺寸进行定位放样。
2. 能按照水景制作（安装）工程施工工艺要求和技术规范进行施工，并按照要求进行复核验收。
3. 能以可持续的方式处理各种残留废料，尽可能地循环使用。
4. 在施工过程中，能严格遵守园林工程施工安全操作规范，注意自身安全防护，并确保工作场地的整洁。

在前面的模块中，已经完成了定位放线及地形施工，接下来要按照所给庭院景观施工图中水景的尺寸定位和材料等要求在庭院的指定位置制作一组水景。施工完成后，记得进行复测复验和场地清理。

思路与方法

进行水景施工前，需要了解水景的详细尺寸、测量定位、所用材料和工艺流程，并根据水景施工工艺特点进行施工和完成后的复核。

一、本水景任务在庭院中的哪个位置？

1. 在总平面图中找到水景的位置。从图 5-1-1 中可以看出，水景在庭院的中间位置，具体在图中红虚线范围内。

2. 确定水景的定位。如图 5-1-2 所示，水景的几个关键定位点分别为 $X = 2.563$，$Y = 1.452$；$X = 2.543$，$Y = 3.580$；$X = 3.879$，$Y = 4.274$；$X = 4.522$，$Y = 2.895$；$X = 5.839$，$Y = 2.134$。

想一想

如何保证水景中水池的形状（池岸线）和图纸上的一致？

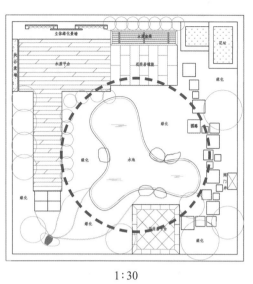

1:30

图 5-1-1　水景在总平面图中的位置

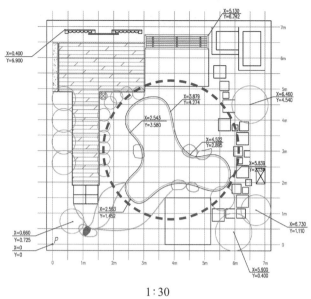

1:30

图 5-1-2　水景在平面定位图中的位置

二、如何识读本水景任务的尺寸定位？

要识读水景的尺寸定位，需要完成以下两个步骤。

1. 读出水景的组成和位置。如图 5-1-3 所示，这个水景为自然式水景，由水池基础、塑料薄膜（防渗水用）、雨花石和景石组成。从总平面图中可以看出，水景位于施工图的中间。结合平面定位图中的五个关键定位点和网格线，可大致描绘出水池岸线。

想一想

除了自然式水景外，还有哪些形式？

想一想

你会读水景施工图了吗？如果把图中的部分数据擦掉，你还能从施工图中读出水景的尺寸规格并在空白处填上正确的数据吗？

想一想

水池挖掘过程中，是由水池中间向周围开挖，还是由水池周围向中间开挖？是否还有其他方法？

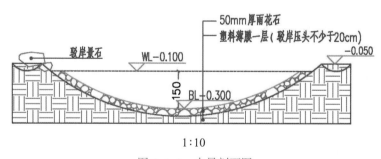

1:10

图 5-1-3　水景剖面图

2. 读出水景的标高。从图 5-1-3 中可以看出，水景的标高分为两部分：池底标高为 - 0.300 m，水面标高为 - 0.100 m。

三、本水景任务由哪些结构组成？

水景由检查井、进水管、溢水管和水池组成。本水景任务自下而上由地基基础（夯实沙基础）、找平层（或称垫层）、防水膜（防水池渗水）、雨花石（池底修饰）、景石（池壁修饰）组成。从图 5-1-3 中可以看出，防水材料为塑料薄膜，修饰材料为雨花石和景石。

四、要做好水景，需要遵守哪些施工工艺流程？

水景的施工工艺流程为：施工准备（人员、图纸、工具、材料）—定位放线与场地平整—砌检查井—水池开挖—基础夯实—垫层施工—防水处理—溢水管、进水管安装—池底装饰铺设—复测调整—进水检验、防渗测试—尺寸检查和复核—检查验收—工具材料回收入库。具体工艺流程可以根据实际情况进行调整，实行少量交叉施工。

五、水景的外观质量有什么要求？

水景是庭院景观的重要组成部分，除了主要起集水的作用外，还有观赏、增加动感、增加湿度等功能，所以要求水面无垃圾、不渗水，池底修饰干净整洁，岸线自然流畅，景石摆放自然和谐等。

六、水景施工需要准备哪些工具和材料？

要做好水景施工，需要准备以下工具和材料：（1）施工图纸；（2）水景材料：塑料防水膜、雨花石、景石等；（3）工具：工兵铲、尼龙绳、水平尺、铁锹、木质手夯、钢卷尺、滑石粉、定位桩、剪刀、扫帚、抹子等；（4）个人防护用品：劳保鞋、护膝、手套、护目镜、耳罩或耳塞、口罩等。

想一想

采用什么方法可以控制水面标高？

图 5-1-4　水景工程材料

> **注意事项**
>
> 1. 安全无小事，施工过程中一定要注意施工安全！比如，搬运材料时，注意轻拿轻放，动作符合人体工程学要求。
>
> 2. 水景施工过程中，铺膜后应尽量避免人与膜的接触，尽可能选择圆滑的雨花石，防止因塑料薄膜破损而造成漏水。

 活动

活动一: 定位放线

表 5-1-1　定位放线流程

施工环节	施工内容	施工示例	注意事项
定位放线	首先,根据水景施工图,把图纸上的定位点测设到实际场地中并打下小木桩。小木桩的高度应略低于坐标原点。然后,结合平面定位图,勾勒出水景形态。最后,用滑石粉进行放线标记,描绘出水景大致的形态		根据施工放线图和定位图,找准参考零点 $P(0,0)$

活动二: 砌检查井

表 5-1-2　砌检查井流程

施工环节	施工内容	施工示例	注意事项
检查井砌筑	按照图纸砌筑检查井,为安装溢水管、进水管和排水管等预留合适的位置		检查井大小和深度要符合要求,并做好保护
进水管、溢水管等安装	安装进水管、溢水管和排水管等		溢水管管底标高要与常水位标高持平

活动三: 水池开挖

表 5-1-3　水池开挖流程

施工环节	施工内容	施工示例	注意事项
水池开挖	放线完成后,需要根据水池的形态及目标深度进行挖掘,使其基本具有水景的立体形态		开挖时,应从池岸线开挖,待池岸线挖掘完毕后再挖掘其他部分

活动四：水景主体部分施工

表 5-1-4　水景主体部分施工流程

施工环节	施工内容	施工示例	注意事项
池底、池壁夯实	开挖结束后，用抹子将池底和池壁修整顺畅，并用木质手夯对池底和池壁进行夯实		夯实过程中，需要有一定力度，自下而上地进行夯实；下一次夯实面应与上一次的夯实面有至少三分之一的重合
垫层施工	在夯实面上均匀地撒上1—2 cm的细沙		保证沙子中没有较大的石块和尖锐的东西，沙子均匀铺设
塑料防水膜铺设	将塑料防水膜均匀铺开，要完全覆盖池底和池壁。在池壁边缘用工兵铲开挖一个宽为 15 cm、深度为 15—20 cm 的沟，再将塑料防水膜埋进去并覆土夯实		铺设塑料防水膜时，不能拉得太紧，应留有一定的缓冲空间。铺设完成后，再将多余的防水膜剪掉
雨花石、景石装饰	塑料防水膜铺设完成后，可以将雨花石和景石放入池中。一般先将景石摆放到位后，再铺设雨花石。景石数量可根据现场情况进行调整。雨花石摆放时不宜太厚，完全遮盖住塑料防水膜即可		摆放景石时，应遵循自然要求，不能突兀。一般在开挖水池时就会预留部分景石摆放位置，这样景石就能更好地融入景中。铺设雨花石时，应自下而上，从中间向四周进行铺设。同时，由于塑料防水膜较为脆弱，为了不影响防水功能，在景石和雨花石铺设过程中，要避免施工人员与塑料防水膜过多接触，施工人员可以站在池岸边进行操作

活动五：质量检查与清理现场

表 5-1-5　质量检查与清理现场流程

施工环节	施工内容	施工示例	注意事项
完成面标高复核	使用带刻度的水平尺并配合投线仪进行标高测量，复核完成面的标高（图中应为 −0.300 m）		测量过程中，水平尺必须与水平面垂直后再进行读数

（续表）

施工环节	施工内容	施工示例	注意事项
完成面水平度检查	用水平尺测量池岸线或者观察水面与池岸线所在平面是否平行		发现完成面的水平度存在较大差异时，应及时采取调整措施
作品定位检查	对作品的几个关键定位点进行检查		发现定位点（或定位桩）有偏移时，应及时调整到位
水面、防水膜检查	查看水面是否有垃圾，防水膜是否被完全覆盖		应及时处理污染的水面，并用雨花石完全覆盖防水膜
水量变化	通过水量是否明显减少来判断是否漏水		发现问题时，应及时采取调整措施
场地清理	清理场地内及周围除作品以外的一切东西，并把剩余可用材料和工具回收至仓库		工具清洗干净后再入库

图 5-1-5　水景完成效果图

 **总结评价**

　　参照世界技能大赛园艺项目评价办法，本项目评价分为主观分评价和客观分评价两类。其中，主观分和客观分各占 50 分，共计 100 分（见表 5-1-6 和表 5-1-7）。

表 5-1-6　主观分评价表

序号	评价项目	评分标准	分值	得分
1	施工场地整洁情况	应做到：工具和材料摆放合理，工完、料尽、场地清，一切井然有序	10 分	
2	施工工艺及施工工序	应做到：完全按照规范要求进行操作，施工工艺合理，施工工序正确，全程井然有序、技术得当	10 分	
3	工具设备、材料及防护用具的使用	应做到：熟练、正确地使用工具设备和防护用具，且能根据材料的特性，准确、合理地使用	10 分	
4	水景的水面情况及景石、雨花石布置	应做到：水面干净，景石摆放自然，雨花石均匀覆盖薄膜	10 分	
5	水景整体外观	应做到：水景自然美观，池岸线流畅	10 分	
合计			50 分	

表 5-1-7　客观分评价表

序号	评价项目	评分标准	规定或标准值	结果或实际值	分值	得分
1	水景是否按照图纸完成	完成得满分，未完成得 0 分	完成		10 分	

想一想

水景的外观评价要求有哪些？如何提高外观质量？

想一想

哪些措施可以更好地控制水景作品的定位、深度、池岸线的标高等？

（续表）

序号	评价项目	评分标准	规定或标准值	结果或实际值	分值	得分
2	完成面标高	随机抽取两个点，每点5分。误差小于等于2 mm，得满分；误差大于2 mm且小于等于4 mm，得2.5分；误差大于4 mm，不得分	− 0.100 m		10分	
3	水景定位	随机抽取四个点，每点5分。误差小于等于10 mm，得满分；误差大于10 mm且小于等于30 mm，得2.5分；误差大于30 mm，不得分	X = 2.563, Y = 1.452; X = 2.543, Y = 3.580; X = 3.879, Y = 4.274; X = 4.522, Y = 2.895; X = 5.839, Y = 2.134		20分	
4	是否漏水	不漏水得满分，漏水得0分	不漏水		5分	
5	防水膜是否完全被覆盖	被完全覆盖得满分，未被完全覆盖得0分	被完全覆盖		5分	
合计					50分	

拓展学习

音乐喷泉

　　音乐喷泉是一种为了娱乐而创造出来的可以活动的喷泉。它根据美学设计，并且经常会产生三维效果。在此过程中，水流被操控，散射及折射光，然后一个三维画面就产生了。音乐喷泉随着音乐变换，给人们增添了一份美轮美奂的视觉和听觉盛宴。

　　音乐表演喷泉是在程序控制喷泉的基础上加入了音乐控制系统，计算机通过对音频及 MIDI 信号的识别，进行译码和编码，最终将信号输出到控制系统,使喷泉的造型及灯光的变化与音乐保持同步,从而达到喷泉水形、灯光及色彩变化与音乐情绪的完美结合,使喷泉表演更加生动、富有内涵及体现水的艺术。

想一想

在生活中,你见过哪些水景的形式?请用手绘或照片的形式进行分享。

想一想

水景施工中常用的工具和材料有哪些?

图 5-1-6　音乐喷泉

一、思考题

1. 水景施工过程中,有哪些步骤可能会对其他构筑物产生影响?如何较好地调节和其他工程同时施工的问题?

2. 水景有哪些形式?分别在什么样的环境中进行施工?

3. 如何制作一个长度为 1200 mm、宽度为 1500 mm、高度为 240 mm、标高为 −0.420 m 的长方形规则式水景?

二、技能训练题

根据给定的水景图纸(见图 5-1-7 和图 5-1-8),完成水景施工。

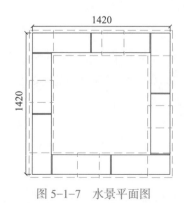

图 5-1-7　水景平面图　　　　图 5-1-8　水景剖面图

任务 2 园林电气安装施工

 学习目标

1. 能根据图纸需求进行照明、声音、动力等线路的排线和连接。
2. 能根据图纸和规范进行园灯、水泵等园林电气设备的安装。
3. 能以可持续的方式进行各种残废料的处理，尽可能地做到循环利用。
4. 在施工过程中，能严格遵守园林工程施工安全操作规范，注意自身安全防护，并确保工作场地的整洁和安全。

 情景任务

在本庭院景观施工中，作为施工人员，应按照所给庭院景观施工图中园林电气的位置等要求在庭院的指定位置完成相关电器的安装。为保证安全，施工全过程不得带电作业，进行通电试验和施工完成后，须关闭电源。

 思路与方法

试一试

请你调查一下身边园林绿地中的各种用电设施，并拍照和制作成 PPT 后进行分享。

进行园林电气安装施工前，需要了解园林电气的电器种类、具体位置、用电电压、使用材料和施工工艺等，并根据安装流程特点进行安装和试通电。

一、园林景观中有哪些常见的用电设施？

园林景观中常见的用电设施有：生活用电设施、照明设施、喷泉设施和电信电缆设施等。其中，庭院中最常见的用电设施为照明设施。从附录 2 中的图 LP-07 可以看出，本庭院中的用电设施主要为园林照明设施，包括外接场地外插头、预埋电线、基础混凝土基座预埋、草坪灯等部分。

二、园林景观中的照明设施一般用什么图例表示？

想一想

园林中还有哪些用电设施？请举例说明。

根据国家关于照明系统图用符号规范要求，园林景观中照明设施的图例如表 5-2-1 所示。

表 5-2-1　园林照明系统常用图例

图例	名称	图例	名称	图例	名称	图例	名称
○	灯具一般符号	⊕	深照灯	⚷	双联单控防爆开关	⊼	单相三极防爆插座
◗	顶棚灯	▽	墙上座灯	⚷	三联单控暗装开关	☼	三相四极暗装插座
⊕	四火装饰灯	⊟	疏散指示灯	⚷	三联单控防水开关	☼	三相四极防水插座
⊗	六火装饰灯	EXIT	出口标志灯	⚷	三联单控防爆开关	☼	三相四极防爆插座
◑	壁灯	⊠	应急照明灯	⚿	声光控延时开关	▨	双电源切换箱
⊢	单管荧光灯	Ⓔ	应急照明灯	⚿	单联暗装拉线开并	▭	明装配电箱
⊣	双管荧光灯	⊗	换气扇	⟋	单联双控暗装开关	▬	暗装配电箱
☰	三管荧光灯	⋈	吊扇	○	吊扇调速开关	⤬	漏电断路器
⊗	防水防尘灯	⚬	单联单控暗装开关	⌓	单相两极暗装插座	⤬	低压断路器
○	防爆灯	⚬	单联单控防水开关	⌓	单相两极防水插座	⟜○	弯灯
⊗	泛光灯	⚷	双联单控防水开关	⌓	单相三极防水插座		

三、常见的园林灯具及适用场所有哪些？

常见的园林灯具有庭院灯、草坪灯、泛光灯、埋地灯、彩色串灯（防水树灯）、光带、造型灯等，具体适用场所如表 5-2-2 所示。

表 5-2-2　常见的园林灯具及适用场所

灯具种类	庭院灯	草坪灯	泛光灯	埋地灯	彩色串灯	光带	造型灯
常用光源	白炽灯、荧光灯、金属卤化物灯	汞灯、荧光灯、金属卤化物灯	金属卤化物灯、高压或低压钠灯	汞灯、高压或低压钠灯、金属卤化物灯	微型灯泡	霓虹灯、美耐灯、导光管	光纤、美耐灯、发光二极管（LED）
适用场所	园路、广场、水边、庭院、铺地、草坪等	草坪	园林建筑、景观构筑物、园林小品、雕塑、树木、草地等	雕塑、园林小品、草地、树丛等	树冠、花带、花廊等	墙垣的轮廓、道路、台阶、水池等	塑造动物、植物等造型
说明	高度为 4—5m，分为下照型和漫射型	高度小于等于 1.2 m	分为窄光束、中度宽光束和宽光束	部分为埋地射灯	高度不高，颜色多变	一般为透明色，白天不易被发现	既可以一体成型，也可以用光带或灯带勾勒造型

四、有哪些常见的草坪灯？

园林中常见的草坪灯一般布置在庭院的草坪、绿篱等处，起到照明、烘托气氛、营造景观等作用，样式和颜色也各种各样，如图 5-2-1 所示。

想一想

如果打算在庭院花坛压顶下布置霓虹灯带，要怎么布置才能完成施工？

图 5-2-1　常见的草坪灯样式

五、常见的低电压插头有哪些？

常见的低电压插头按照脚数可分为两脚和三脚，但因为在不同的国家和地区又有不同的样式要求，所以按照国内外标准又可分有国标、美标、英标、德标等，如图5-2-2所示。

想一想

园林景观中还有哪些和图5-2-2中不一样的插头？这些插头是为什么用电设施准备的？

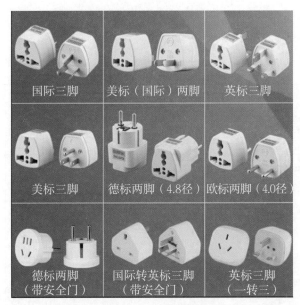

图5-2-2　常见的低电压插头

六、常见的国标三脚插头的接线方法是什么？

国标三脚插头包括零线、火线和地线三脚，分别对应三脚插座上的"左零右火上接地"。所以三脚接线时，要坚持"左零右火上接地"原则。三脚插头的接线步骤如图5-2-3所示。

拧松插头上的螺丝，打开插头　　按图排列电线颜色并插入小孔内　　插入后拧紧螺丝，固定铜线

 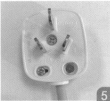 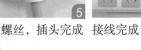

使用压线条固定电线并在反面拧紧螺丝　　拧紧螺丝，插头完成接线　　接线完成

图5-2-3　国标三脚插头的接线步骤

155

七、本园林电气任务在庭院中的哪个位置?

1. 通过图名(如水电平面图)、图例(如 LP-07)或文字标注(如草坪灯)等在总平面图或平面索引图中找到园林电气所在图纸。以本庭院为例,园林用电设施均在"T"形木质平台的拐角处,如图 5-2-4 所示。

2. 确定草坪灯的定位(见附录 2 中的图 LP-04)。草坪灯在平面定位图中是一个面,所以未在图纸中明确注明具体的定位值,但可以通过方格网及其周边景物进行确定。

想一想

图中符号⊗是哪种景物的图例? 还有哪些图例可以用来表示与此相同的景物?

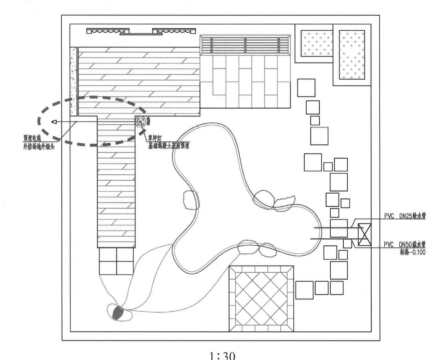

1:30

图 5-2-4　园林电气在水电平面图中的位置

八、草坪灯安装的施工工艺流程是什么?

草坪灯安装的施工工艺流程为:施工准备—预埋电缆—检查灯具—组装灯具—安装灯具—通电试运行。

九、园林电气的外观质量有什么要求?

1. 灯内配线符合设计要求及有关规定,比如,安装牢固,导线在分支连接处不得承受额外应力和磨损,灯具连接丝口处要涂防锈导电脂或用绝缘电工胶带缠好。

2. 进线口要用橡皮垫圈压紧密封,灯外壳必须与 PE 线可靠连接。

3. 灯具其他部分的安装必须配合铺装,绿化要在全部完成后才可进行安装。灯具安装接线完毕后,用摇表测各条支路的绝缘电阻,合格后再进行试亮 24 小时。

4. 通电后仔细检查和巡视，比如，检查灯具的控制是否灵活、准确，开关与灯具的控制顺序是否相对应。

十、园林电气安装施工需要准备哪些工具和材料？

要做好园林电气安装施工，需要准备以下工具和材料：（1）施工图纸；（2）园林电气材料：图纸规定电线电缆、插头、草坪灯、预制混凝土、螺丝、电工胶带等；（3）工具：测电笔、改锥、扳手、卷尺、铁锹、滑石粉等；（4）个人防护用品：绝缘劳保鞋、护膝、绝缘手套、护目镜、耳塞、口罩等。

想一想

园林电气安装现场中的哪些区域和环节最容易产生安全隐患？

注意事项

1. 安全无小事，园林电气施工过程中一定要注意施工安全！比如：不可带电作业；通电前应确保人员安全；严格按照工具使用规范进行施工，不可随意使用等。

2. 在工作和生活中，电工不一定会严格遵循"左零右火上接地"的原则。所以，在自行检修电路时，一定要保证电源完全断开，并用验电笔进行检测，确保 100% 安全的情况下再进行操作。

 活动

活动一：施工准备和电缆预埋

表 5-2-3　施工准备和电缆预埋流程

施工环节	施工内容	施工示例	注意事项
施工准备	熟读施工图纸，准备施工工具和材料，做好劳动安全防护		确保已切断电源，进入施工区域的人员已了解用电安全事项
电缆预埋	土方施工过程中已预埋了电线电缆和草坪灯基座		草坪灯基座定位准确，电缆线无打结、断裂等情况

活动二: 灯具检查和组装

表 5-2-4　灯具检查和组装流程

施工环节	施工内容	施工示例	注意事项
灯具、插头等零件检查	检查并确认灯具、电缆、插头等的完整性、安全性和位置正确		基础开挖时,可适当增大开挖区域;支座安置好后应立即回土,将周围掩埋并夯实
插头组装	根据电源的长度留取适当长度的电线电缆后,再根据插座的孔数组装相应插头		国标三脚插头接线时,要坚持"左零右火上接地"原则
灯具组装	按照灯具组装说明书组装灯具		若为成品套装灯具,检查完整性即可

活动三: 灯具安装和试通电

表 5-2-5　灯具安装和试通电流程

施工环节	施工内容	施工示例	注意事项
灯具安装	根据零对零、火对火、接地线对接地线的原则,将灯具电线与电缆线接好,用绝缘胶带包裹并固定好		灯具电线与电缆线的颜色要做到一一对应
试通电	试通电时,若发现有问题,应及时切断电源进行检查和整修		试通电前,应提前提醒和示意周边的人员注意安全

活动四：安全检查与清理现场

表 5-2-6　安全检查与清理现场流程

施工环节	施工内容	施工示例	注意事项
电路安全检查	再次确认电路安全，用测电笔检测有无漏电等情况		发现问题时，应及时采取调整措施
清理施工现场	回收工具和材料，打扫清理现场，不浪费材料，不污染环境		对于能回收利用的资源，坚持回收后备下次再利用；对于就施工垃圾，要进行分类处理

图 5-2-5　园林电气安装完成效果图

 总结评价

想一想

园林电气安装过程中，有哪些方法可以预防安全事故？

参照世界技能大赛园艺项目评价办法，本任务评价分为主观分评价和客观分评价两类。其中，主观分和客观分各占 50 分，共计 100 分（见表 5-2-7 和表 5-2-8）。

表 5-2-7　主观分评价表

序号	评价项目	评分标准	分值	得分
1	施工场地整洁情况	应做到：工具和材料摆放合理，工完、料尽、场地清，一切井然有序	10分	
2	施工工艺及施工工序	应做到：完全按照规范要求进行操作，施工工艺合理，施工工序正确，全程井然有序、技术得当	10分	
3	工具设备、材料及防护用具的使用	应做到：熟练、正确地使用工具设备和防护用具，且能根据材料的特性，准确、合理地使用	10分	
4	草坪灯外观	应做到：灯具外表无因施工造成的划痕、破裂；插头接线无毛刺，接线处做了防漏电处理	10分	
5	草坪灯安装效果	应做到：灯具安装牢固、垂直（或按要求角度安装），无歪斜，安全隐患处已全部处理	10分	
	合计		50分	

表 5-2-8　客观分评价表

想一想

如果安装完成后发现草坪灯不亮，那么造成灯不亮的原因是什么？

序号	评价项目	评分标准	规定或标准值	结果或实际值	分值	得分
1	是否按照图纸完成电气安装	完成得满分，未完成得0分	完成		25分	
2	草坪灯是否正常工作	正常工作，无闪烁、短路等得满分，无法正常工作得0分	正常工作		25分	
	合计				50分	

 拓展学习

智慧城市园林系统建设

　　智慧城市园林系统建设，即智慧园林，就是运用"互联网+"思维、物联网、大数据、云计算、移动互联网、信息智能终端等新一代信息技术，与现代生态园林相融合，建立智慧园林大数据库，把人与自然用智慧的方式连接起来，达到人与自然的互感、互知、互动。

　　智慧园林利用智慧园林综合管理平台（见图 5-2-6），依托 GIS 引擎、GPS 定位、4G/5G 通信、物联网等先进技术，明确管养片区并采集园林数据。这一平台具有管养人员在线监管、土壤墒情监测、病虫害防治、日常工作管理、管养企业绩效考核和园林绿化基础数据存档等功能，既可以实现日常工作的精细化管理，为管理人员提供辅助决策，也可以为园林绿化设计、规划、施工和应急抢险等提供准确的数据支持。同时，该平台建立了部门间的数据信息交换和共享机制，与多部门数据互通，实现了多部门的协同应用。比如：可对园林事件进行统一指挥和协同联动，减少人力成本，大大提高了绿地巡查管理的效率和质量；给园林绿化规划、工程建设、养护管理、社会化服务等提供了科学依据，有力地提升了管养单位及时发现问题、整改问题和快速响应的能力，全面提升了城市园林绿化的精细化管理水平。

想一想

在生活中，你见过哪些园林用电设施，尤其是智能化设施？请用 PPT 或照片的形式进行分享。

图 5-2-6　智慧园林综合管理平台登录界面

一、思考题

1. 大型园林绿地中，是否需要设计专门的园林配电箱？为什么？

2. 如果庭院中既有照明，又有广播音响，甚至预留了家用取电插座等，这种情况下应如何处理电路？

二、技能训练题

尝试总结园林电气安装施工工艺流程。

想一想

如果施工现场发生了人员触电事故，应该如何进行及时处理？

模块六

园林植物景观
工程施工

硬质景观施工完成后，把多余的硬质材料清理干净，即可进行园林植物景观工程施工。

园林植物景观工程也称植物种植工程、绿色空间布置，以自然乔木、灌木、藤本、草本植物群落的种类、结构、层次和外貌为基础，通过艺术手法，充分发挥植物形体、线条、色彩等自然美，形成山水—植物、建筑—植物、街道—植物等综合景观，让人产生一种实实在在的美的感受和联想。

园林植物景观工程的主要工作内容有种植土壤的整理、乔木和灌木种植施工、花坛和花境施工、草坪种植施工和垂直绿墙施工等。

在世赛园艺项目竞赛中，园林植物景观工程（绿色空间布置）占总考核比重的约三分之一，单模块分值最高，并且直接影响到整个庭院的观感效果。本模块重点考查对植物习性的知识掌握、造景能力及种植技术的熟练度。

6-0-1　乔木种植施工

6-0-2　灌木种植施工

6-0-3　花坛、花境与草坪种植施工

6-0-4　立体绿化景墙施工

任务1　乔木种植施工

学习目标

1. 能理解绿化种植图中乔木的施工要求，正确选择所需的乔木，并能按乔木施工工艺规范要求进行乔木包装物去除、修剪、栽种、养护等操作。
2. 能根据设计图纸确定乔木的种植位置，按照绿化施工技术规范和流程进行乔木施工。
3. 乔木种植完成后，能根据设计意图复核乔木的种植位置，同时能安全、合理、节约地使用工具和材料。
4. 在施工过程中，能严格遵守园林植物景观工程施工安全操作规范，确保工作场地的整洁，养成严谨细致的工作作风，培养一丝不苟、精益求精的工匠精神。

情景任务

在前面的模块中，已经完成了硬质景观施工，接下来就要进行植物种植施工了。植物种植施工环节，首先是乔木种植施工，要按照所给庭院绿化种植图中乔木的品种、规格等要求在庭院的指定位置完成乔木的种植。施工完成后，记得进行复测复验和场地清理。

思路与方法

进行乔木种植施工前，需要了解项目中乔木的种类、规格和种植位置，根据乔木的特性、种植工艺流程和园林绿化工程施工及验收规范要求，进行施工并复核。

想一想

乔木在城市园林绿地中有哪些用途?

一、为什么要在庭院中种植乔木?

乔木是不可或缺的造园要素，能让庭院的气氛变得活跃，在景观设计中可与其他植物和造园要素共同形成优美的植物景观。同时，乔木撑起了庭院的景观天际线，是庭院构造的骨架。

进行庭院植物设计时，首先需要考虑种植乔木的方位和规格，然后根据乔木来设计花灌木、草花等其他植物的方位。

二、什么是乔木种植？

乔木种植是指按照种植设计图纸及一定的计划，将乔木从一个地点移植到另一个地点，使其在规定区域继续生长的操作过程，一般包括起苗、运苗、定植和栽后管理四个基本环节。将乔木从一个地方连根（裸根或带土球并包装）起出的操作过程称为起苗；将起出的乔木用一定的交通工具（人力或机具等）运到指定地点的操作过程称为运苗；将运来的乔木按照种植设计要求栽植在适宜的环境中，使乔木的根系与土壤密接的操作过程称为定植；乔木定植后到项目竣工前，施工单位对乔木的养护管理称为栽后管理。

三、本庭院中的乔木有哪些品种？

从图 6-1-1 中可以看出，本庭院中种植的小乔木有红枫 2 株。该乔木的规格如下：高度为 150 cm，蓬径为 120 cm，地径为 5—6 cm。

序号	图例	品种	规格				密度 株/平方米	数量	备注
			高度（cm）	蓬径（cm）	胸径（cm）	地径（cm）			
1		红花檵木球	120	100				3株	球形饱满
2		红枫	150	120		5—6		2株	姿态佳，多级分叉
3		龟甲冬青球	60	60				1株	球形饱满
4		杜鹃球	50	50				4株	球形饱满
5		瓜子黄杨球	60	30				4株	球形饱满
6		茶梅球	60	35				10株	球形饱满
7		金森女贞球	60	50				3株	
8		银叶菊	20	15			36	1㎡	
9		金丝桃	20	15			36	1㎡	
10		夏鹃	20	15			36	2.5㎡	
11		四季草花	10					3.5㎡	满铺
12		菖尾	25	20			36	1㎡	
13		草坪						15㎡	

图 6-1-1　苗木统计图

四、本庭院中的乔木分别处在什么位置？

1. 在绿化种植图中找到乔木的种植点方位。从图 6-1-2 中可以看出，小乔木红枫种植在庭院的西南角，具体在图中红虚线范围内。

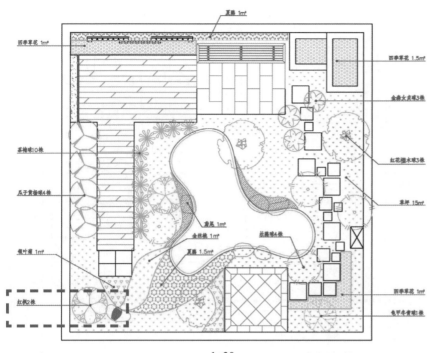

1:30

图 6-1-2 小乔木红枫在绿化种植图中的位置

2. 确定小乔木红枫的定位。如图 6-1-3 所示,红枫的定位点为 $X = 0.660$, $Y = 0.725$。如图 6-1-4 所示,红枫的种植点标高为 0.200m。

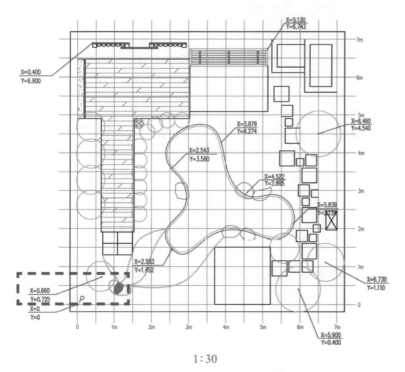

1:30

图 6-1-3 红枫在平面定位图中的位置

试一试

试用乔木定点的方法把庭院中的其他灌木定位出来。

167

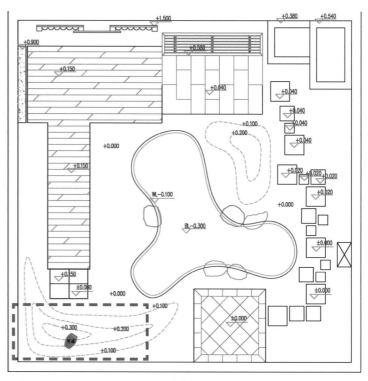

1:30

图 6-1-4　红枫在竖向标高图中的位置

五、乔木种植有哪些基本要求？

1. 选择合理的种植季节和时间，确保较高的成活率。

2. 确保乔木种植土壤的质量与厚度，以保证土壤水肥条件能满足乔木生长发育需要。

3. 根据设计要求，选择所规定的乔木品种和相应的规格，并尽量就近从生长条件相似的地区取苗。

4. 按规范要求进行种植。

5. 认真做好养护和补植工作。按照乔木的生长特性和相应的绿化规范规定，做好相应的养护措施，争取有较高的成活率。对于死亡或损坏的乔木，应适时补植，使植物始终处于较好的景观状态。

六、要进行乔木种植，需遵守哪些施工工艺流程？

乔木种植的施工工艺流程为：施工准备（人员、图纸、工具、材料）—定位放线—挖种植穴—基质改良—枝条修剪—调整最佳观赏面—将乔木置入种植穴中—回填土—围水堰—苗木支撑—浇定根水—完工清场。具体工艺流程可以根据实际情况进行调整，实行少量交叉施工。

想一想

怎样可以保证乔木种植有较高的成活率？

表 6-1-1　乔木栽植穴的规格参考

土球直径（cm）	20	30	40	50	60	70
植穴规格（cm）	40×40×30	50×50×40	60×60×50	70×70×60	80×80×70	90×90×80
土球直径（cm）	80	90	100	110	120	120 以上
植穴规格（cm）	110×110×100	120×120×110	130×130×120	160×160×140	170×170×150	依实际情况定

七、乔木种植的质量要求是什么？

为达到良好的乔木种植效果，要做到如下几点：种植的苗木规格、位置等应严格按设计图纸施工；种植的苗木应保持与地面垂直，不得倾斜（特殊要求除外）；种植时，注意苗木丰满的一面或主要观赏面要朝向主要观赏区域；规则式种植要做到横平竖直，且苗木要在一条直线上；种植带或草绳包装的土球必须保持土球完好，种植时应取出；等等。

八、要做好乔木种植，需要注意哪些安全防护事项？

在乔木种植过程中，需要注意以下安全防护事项：

1. 在保证个人安全的前提下，正确使用工具和机械；
2. 树立安全意识，一旦发现人的不安全行为、物的不安全状态，就应及时制止并改正。

想一想

施工现场中的哪些区域和环节最容易产生安全隐患？

> **注意事项**
>
> 安全无小事，施工过程中一定要注意安全！

活动

表 6-1-2　乔木种植施工流程

施工环节	施工内容	施工示例	注意事项
识读图纸	识读园林绿化施工图纸，理解设计者的设计意图		理解乔木与其他景观元素之间的关系

（续表）

施工环节	施工内容	施工示例	注意事项
制定乔木种植施工方案	计算工程量，根据现场条件、相关施工和验收规范制定施工方案		要综合考虑乔木种植的基础条件、苗木体量、施工难易程度等；施工方案中要有对已建成模块的保护措施
施工用具、材料及乔木的选择与准备	需准备的工具和材料：植物、皮尺、钢尺、胸径尺、白灰、激光水平仪、木桩或铁钎若干、铁锹、修枝剪、喷壶等。对照图纸和苗木清单，对乔木的数量、规格及质量进行验收		注意检查乔木的规格、质量等
定点放线	根据图纸上乔木到 X 轴和 Y 轴的垂直距离相交于一点，确定乔木种植点位置。作出明显标记，通过定桩来标注树种名称及树坑规格		根据施工放线图和平面定位图，找准参考零点 $P(0,0)$
栽植前修剪	剪去病虫枝、枯枝、交叉枝、平行枝等，控制徒长枝		注意剪口要平，不能劈裂枝条；同时要注意留芽，剪口距留芽位置不能过长
挖栽植穴	栽植穴以种植点为圆心，穴的形状多为圆形，也有方形，尺寸一般比土球直径长 20 cm、深 10 cm		注意尽量保证上下口径大小一致
基质改良	将改良基质均匀地倒在种植穴四周		基质改良最好能结合施底肥、土壤改良等同步进行；重点在对种植穴内土壤和回填土壤的改良

施工环节	施工内容	施工示例	注意事项
定植	首先，按定点木桩标记，将乔木散放在定植穴旁；其次，将乔木放入坑内，如为带土球苗，需先去除包扎物；然后，将乔木提苗到适当深度（一般与原土痕平齐或稍低于地面）并扶正，保证树干端直；最后，回土分层，压实固定		注意将树形及生长势最好的一面朝向主要观赏面
乔木支撑	乔木栽植完成后，需对乔木进行支撑。一般依据乔木的实际高度和粗细来确定支撑方式，如本任务中的乔木可采用扁担支撑的方式		注意乔木支撑要控制在同一高度，不发生松动、扭曲，整体看起来整洁美观
围水堰	乔木支撑完后，沿栽植穴外缘围一圈土埂，并将其拍实踩紧，以防浇水时跑水、漏水等		水堰位置和大小合理；水堰内径不小于栽植穴直径，高度一般不低于10 cm，可根据施工现场情况再调整
栽后修剪	对受伤枝条和栽前不理想的枝条进行修剪		注意及时清理修剪下来的枝条
浇定根水	苗木栽植完成后，要给乔木浇定根水。为防止冲刷土球，可用水管插入树穴，使水充分流入，保证泥土充分吸收水分		注意定根水一定要浇透
树盘覆盖	用卵石、树皮或草皮等覆盖树盘		注意保证树盘不露土

（续表）

施工环节	施工内容	施工示例	注意事项
复核种植点	根据平面定位图，用测量仪器复核乔木种植点位置和标高是否在误差范围内		注意复核种植点位置和回填土标高
工完场清	种植施工完成后，必须对施工现场进行清理，维持施工场地干净整洁，做到安全文明施工		修剪后的嫩枝嫩叶属于湿垃圾，粗大枝条属于干垃圾，应注意干湿垃圾的分类处理

总结评价

想一想

为什么乔木栽植前要修剪？

参照世界技能大赛园艺项目评价办法，本任务评价分为主观分评价和客观分评价两类。其中，主观分和客观分各占 50 分，共计 100 分（见表 6-1-3 和表 6-1-4）。

表 6-1-3　主观分评价表

序号	评价项目	评分标准	分值	得分
1	团队配合与沟通	应做到：团队合作非常完美，队员之间各司其职，并且能相互沟通、配合地去完成任务	5	
2	施工场地整洁情况	应做到：工具和材料摆放合理，工完、料尽、场地清，一切井然有序	5	
3	工艺流程及施工工序	应做到：完全按照规范要求进行操作，施工工艺合理，施工工序正确，全程井然有序、技术得当	10	
4	工具设备、材料及防护用具的使用	应做到：熟练、正确地使用工具设备和防护用具，且能根据材料的特性，准确、合理地使用	10	
5	专业的种植技术	应做到：熟练掌握种植技术；植物稳固直立，修剪完善	10	
6	整体种植效果	应做到：整体种植效果较好，全园内无露土区域，且形成非常良好的观赏面效果	10	
		合计	50 分	

查一查

常见的乔木支撑方式。

表 6-1-4　客观分评价表

想一想

失分的原因出在哪个环节？要如何改进？

序号	评价项目	评分标准	规定或标准值	结果或实际值	分值	得分
1	完成度	乔木种植按照图纸全部正确完成，正确完成得满分，未正确完成得0分	完成		10分	
2	剥去包裹及标签	将乔木从容器中取出或除去土球包裹及标签。有一项未去除扣2分，扣完为止	已去除或已剥离		10分	
3	乔木种植点位置	对乔木种植点位置进行测量，误差小于等于20mm得满分，大于20mm得0分	$X = 0.660$, $Y = 0.725$		10分	
4	乔木种植点标高	对乔木种植点标高进行测量，误差小于等于20mm得满分，大于20mm得0分	0.300m		10分	
5	树盘覆盖	对乔木树盘有无覆盖进行检查，覆盖完整得满分，有覆盖但不完整得2.5分，无覆盖得0分	树盘已完全覆盖		5分	
6	美观度	植物垂直并适度修剪。有一处未完成扣2分，扣完为止	树木直立并已修剪整形成最佳状态		5分	
合计					50分	

拓展学习

树木移植的适宜季节一般有两个时间段：第一个时间段是2月中旬到4月初，此时树木抽出新芽或者刚刚长出新梢；第二个时间段是9月底到11月底，此时树木停止生长。非适宜季节移植就是在不适合进行绿化工程和施工难度大的季节进行树木移植,移植方法主要有侧根给水法等。

一、侧根给水法的移植顺序

查一查

非适宜季节移植乔灌木的养护管理措施。

表 6-1-5　侧根给水法的移植顺序

准备	· 施工位置确认; · 施工量确认; · 栽植处位置确认,挖好种植穴; · 植树带内利用铁板进行保护
材料	· 移植树确认; · 树姿、树势、根系状况确认; · 有无病虫害、有无损伤确认; · 支柱材料的规格尺寸确认; · 支柱材料的防腐处理
修剪	· 强修剪(留下有限枝叶以维持蒸腾与水分吸收平衡); · 废余材料的木屑化处理; · 叶面喷施抗蒸腾剂
挖掘	· 挖掘移植树木
整根	· 整理土球断面的主根和须根(选择适当粗细的侧根 3—4 条,用锋利刀子修剪断面)
土球捆卷	· 用蒲包覆盖根干; · 给切断修整的侧根安装给水装置; · 为了使给水装置不脱落,搬运时要用胶带固定于夹板上
养护	· 利用彩色圆锥形标志禁止进入; · 进行树干捆卷养护
装载、搬运	· 根据树木的形状、尺寸,选择合适的搬运车辆; · 为了不对搬运造成障碍,要对枝条进行收拢固定; · 为了防止干燥和飞散,可利用帆布覆盖
填平挖掘穴	· 用挖出的好土进行整地填平
栽植	· 修剪整形; · 栽植方法(水培法、土培法)的选择(稍微提高栽植位置,在种植穴底部施入缓效性肥料); · 树木直立和朝向确定; · 支柱固定; · 浇水围堰; · 栽植后,进行给水装置的检查,随时进行水的补给; · 利用有机物或者木屑进行覆盖保护
结束	· 完成移植

二、侧根给水法的施工步骤

侧根给水法就是在对树木进行打包时,选择适当粗细的根,切断后从切口进行水分补充的方法。

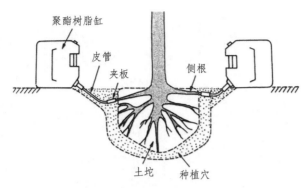

图 6-1-5　侧根给水法示意图

非季节性的乔木种植,在种植的标准程序之外要按照以下步骤进行施工。

（1）在进行根部土球捆卷打包时,原则上要从四个方向选择出适当粗细的根进行切断。

（2）将断根部分用锋利的小刀重新切割,同时从切口供给水分。

（3）准备容量为 20L 的聚酯树脂缸,并接上直径为 10—15 mm 的橡胶管。

（4）为了在运输过程中使断根部分和橡胶之间的连接不断开,可使用夹板,并用胶带固定。

（5）枝叶的剪除可以促进蒸发和水分吸收平衡。另外,还可以在叶面上喷洒抗蒸腾剂。

（6）种植时,可以适当地稍微提高栽植高度,用 3—5 cm 的有机质进行覆盖。

（7）种植后的前 5 天要每天检查水的情况并进行补水,7—14 天之间隔天检查即可。

想一想

为了保证树木的移植成活,需要经常给树木挂水。如何进行挂水?挂什么水?

思考与练习

一、思考题

1. 如何在保证安全和质量的前提下,提高乔木种植的成活率?

2. 乔木种植的主要技术环节包括哪些?

二、技能训练题

　　根据给定的绿化施工材料（见表6-1-6、图6-1-6和图6-1-7），完成乔木种植施工。

表6-1-6　苗木统计表

序号	名称	规格			密度（株/m²）	数量	备注
		高（cm）	胸径（cm）	蓬径（cm）			
1	红枫	120		120		1株	
2	垂丝海棠	150		120		1株	
3	瓜子黄杨球	60		60		1株	
4	茶梅球	50		50		2株	
5	金焰绣线菊	60		50		2株	
6	红花绣线菊	60		50		1株	
7	红花檵木	30		20	25	0.8m²	
8	金森女贞	30		20	25	0.7m²	
9	细叶美女樱	15		10	49	0.8m²	
10	时令草花1				49	0.36m²	
11	时令草花2				49	0.34m²	
12	时令草花3				49	0.35m²	
13	时令草花4				49	0.4m²	
14	草皮				满铺	6.6m²	

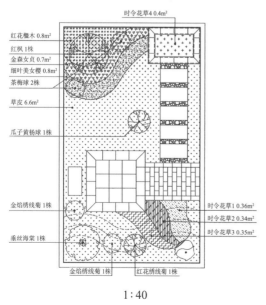

1:40

图6-1-6　绿化配置图

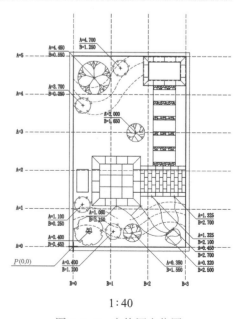

1:40

图6-1-7　方格网定位图

任务2　灌木种植施工

学习目标

1. 能充分理解灌木种植的设计意图及施工要求。
2. 能根据设计要求正确选择灌木。
3. 能按照灌木施工工艺规范要求种植灌木。
4. 能正确进行灌木栽后管理，并保持施工现场的文明和安全。
5. 在施工过程中，能养成严谨细致、一丝不苟、精益求精的工匠精神。

情景任务

在任务1中，已经完成了乔木种植施工。接下来要按照所给庭院景观施工图中灌木的品种、规格等要求在庭院的指定位置完成灌木的种植。施工完成后，记得进行灌木种植施工结果验收和场地清理，并进行栽后养护。

思路与方法

进行灌木种植施工前，需要了解灌木的形态特征、种植方式、品种、规格和种植工艺流程，并根据施工工艺要求进行种植、完成验收及日常养护。

一、灌木的形态特点有哪些？

灌木是没有明显的主干、呈丛生状态、比较矮小的木本植物，可分为观花、观果、观枝干等几类。枝干系统不具明显的主干（如有主干也很短），并在出土后立即分枝或丛生地上。其地面枝条有的直立（直立灌木），有的拱垂（垂枝灌木），有的蔓生地面（蔓生灌木），有的攀缘他木（攀缘灌木），有的在地面以下或近根茎处分枝丛生（丛生灌木）。

想一想

在你所处的校园、小区等中有哪些灌木？

二、灌木的种植方式有哪些？

1. 丛植

丛植是指一种或多种多丛灌木，按一定的构图要求进行配植，组合成一个整体结构。这是园林绿地中常用的一种方式，常配植在草坪、林缘、路边或道路交叉口等处，可体现出灌木的群体美。

丛植主要让人欣赏组合美、整体美，而不过多考虑各单株的形状色彩如何。

图 6-2-1　花灌木丛植

2. 列植

想一想

不同的灌木种植方式给你带来了什么样的不同感受？你更喜欢哪一种种植方式？

列植是指灌木成行成列地栽植。既可用单一种类栽植，也可用多个种类相互配植；既可单行列植，也可双行或多行列植。列植常用于行道树、绿篱、林带等的栽植或作为园林景物的背景树栽植。园林中常以灌木密集栽植成一行或多行，以直线或曲线的种植方式形成花篱、树墙。列植的灌木常布置于路边、花坛、草坪的边缘，或四季常绿，或逢时开花，既有流畅的线形美，又有开花时的色彩美。用于列植的灌木要求植株矮小、枝叶紧密、耐阴耐剪。花篱、树墙常用单一品种，以取得整齐统一的效果。

图 6-2-2　灌木球列植

3. 对植

对植是指一丛灌木在构图的轴线两侧对称栽植，常栽植在公园、广场、公共建筑入口处，对入口起衬托作用。所选植物的形态、大小要与建筑等周围环境相吻合，真正起到衬托作用而不是喧宾夺主。

图 6-2-3 灌木对植

查一查

灌木养护管理的相关措施。

4. 组团

组团是指由不同种类、不同高度、不同颜色的植物，经过合理的搭配，并且具有层次感和视线凝聚的作用，让人觉得舒适好看的植物群组，多出现在较大的绿地或林下空间。块状、片状形式应用过多，使得植物景观过于单调。灌木组团可打破大面积的色块格局，如形成 $10m^2$ 左右的灌木组团，由多个灌木品种形成的不同组团，以自然的方式散落于绿地空间中，从而柔化与丰富绿地或林下空间的植物景观。

5. 密集栽植

密集栽植是指在一定区域内把高度、形态、色彩、大小相对和谐统一的小灌木像栽草一样一棵挨一棵地紧密栽植，而后修剪外表面，形成植物组合新景观，以满足不同的园林设计效果需要。

图 6-2-4 灌木组团

图 6-2-5 灌木密集栽植

三、灌木应如何进行修剪？

灌木修剪方式不当，会使它们不成形或不开花，甚至枝条干枯。因此，修剪时必须针对不同的观赏目的，采用不同的方法。修剪以观花为主的灌木，首先要熟悉不同开花灌木的开花习性。

早春开花的花灌木如长春花、含笑、海桐、火棘等，它们的花芽是在前一年形成的，因此修剪多在开花后进行。如果在冬季或春季修剪，会剪掉许多花芽；修剪过晚，过多的花芽会消耗许多养分，从而影响开花的质量和数量。开花后的修剪主要以疏剪整形为主，比如：修剪过密枝、交叉重叠枝、病虫害枝等；对根部萌发的幼嫩枝梢可适当保留；对开花后的残留枝梢可自顶端适当压缩，促其生长，以使翌年多开花。

夏季开花的花灌木如木槿、紫薇、九里香等，都是在当年新梢上形成花芽并开花的，不需要经过低温，这类花灌木的修剪可在休眠期进行。可采取适当重度修剪，除了修剪枯枝、病虫害枝外，还可弱枝重剪、强枝轻剪。每个枝条上可留4—6个花芽，其余部分都截去。

根据设计要求，枝条茂密的大灌木应适量疏枝。分枝明显、新枝着生花芽的小灌木，应顺其树势适当强剪，促生新枝，更新老枝。枝条短截时，应留外芽，剪口距留芽位置以上下1 cm为宜；修剪直径2 cm以上大枝及粗根时，截口必须削平并涂防腐剂。带土球常绿灌木、带宿土裸根苗及前一年花芽分化的开花灌木则不宜修剪，当有枯枝、病虫害枝时应予以剪除。

修剪一般采用两种方法：一种为疏枝，即将枝条着生基部剪除；另一种为短截，即剪去枝条先端的一部分。

（1）对灌木进行短截修剪，树冠一般保持内高外低，成半球形。

（2）对灌木进行疏枝修剪，即外密内稀，以利通风透光。

（3）对根系发达的丛木树种，应多疏剪老枝，使其不断更新，生长旺盛。

想一想

在日常生活中，什么时候要进行灌木修剪？要修剪哪些灌木？

图 6-2-6　球类修剪

四、如何进行起苗准备？

1. 挖掘前的准备

选苗：按栽植计划选择并标记选中的苗木。

拢冠：对于分枝点较低、枝条长而柔软的苗木或丛径较大的灌木，用草绳将较粗的枝条绑在树干上，以捆住树冠。

标号：挖掘时，应在主干较高处的南面用油漆标出记号或树号，以便按原来的方向栽植。

2. 裸根掘苗

该方法适用于在休眠期内的常绿小苗等。

3. 带土球掘苗

该方法适用于裸根移植不易成活的落叶苗、珍贵树种小苗等。

查一查

起苗时的注意事项。

五、如何确定灌木根系或土球大小？

灌木根系或土球大小必须符合以下要求：

1. 树木地径为 3—4 cm 时，根系或土球直径为 30 cm；

2. 树木地径大于 4 cm 时，地径每增加 1 cm，根系或土球直径增加 5 cm；

3. 无主干树木根系或土球直径为根丛周长的 1.5 倍；

4. 根系或土球的厚度为直径的三分之二。

想一想

为什么要对根系和土球规格作出要求？

六、本庭院中的灌木有哪些品种？

1. 在绿化种植图中找到灌木的品种标注，明确灌木种植品种，如图 6-2-7 所示。本庭院中种植的灌木有红花檵木球 3 株、龟甲冬青球 1 株。

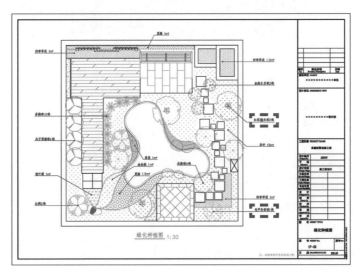

图 6-2-7 灌木在绿化种植图中的位置

想—想

在保证种植效果的情况下，还有哪些可以替代的灌木品种吗？

2. 在苗木表图中找到灌木的规格参数及要求，确定灌木规格要求，如图 6-2-8 所示。其中，红花檵木球的规格如下：高度为 120 cm，蓬径为 100 cm；龟甲冬青球的规格如下：高度为 60 cm，蓬径为 60 cm。

序号	图例	品种	规格				密度 株/平方米	数量	备注
			高度 (cm)	蓬径 (cm)	胸径 (cm)	地径 (cm)			
1		红花檵木球	120	100				3株	球形饱满
2		红枫	150	120		5~6		2株	姿态佳，多级分叉
3		龟甲冬青球	60	60				1株	球形饱满
4		杜鹃球	50	50				4株	球形饱满
5		瓜子黄杨球	60	30				4株	球形饱满
6		茶梅球	60	35				10株	球形饱满
7		金森女贞球	60	50				3株	
8		银叶菊	20	15			36	1㎡	
9		金丝桃	20	15			36	1㎡	
10		夏鹃	20	15			36	2.5㎡	
11		四季草花	10					3.5㎡	满铺
12		鸢尾	25	20			36	1㎡	
13		草坪						15㎡	

图 6-2-8　灌木品种及规格

七、本庭院中的灌木分别处在什么位置？

1. 在绿化种植图中找到灌木的种植范围，如图 6-2-7 所示。

查—查

绿化栽植定点放线的方法。

2. 确定灌木的定位，如图 6-2-9 所示。红花檵木球的定位点 $X = 6.460$，$Y = 4.540$；龟甲冬青球的定位点为 $X = 5.900$，$Y = 0.400$。

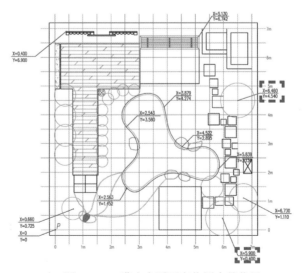

图 6-2-9　灌木在平面定位图中的位置

八、要进行灌木种植，需要遵守哪些施工工艺流程？

灌木种植的施工工艺流程为：施工准备（人员、图纸、工具、材料—场地平整—选苗—定位放线—挖穴—起苗—苗木运输—苗木假植—栽植—养护措施—检查验收。具体工艺流程可以根据实际情况进行调整，实行少量交叉施工。

九、灌木的进场验收规范是什么？

1. 有明显主干的，主枝分布均匀。

2. 无明显主干的，不偏冠，枝叶茂密。

3. 主枝无折断、枯死，无树干空心。

4. 根系发达，生长苗壮，无严重病虫害。

5. 树皮无明显伤口、环剥。

6. 不露根，修剪口平滑，形状美观。

7. 土球直径大于蓬径十分之三，土球厚度大于直径五分之三，包装不松散。

8. 枝叶、毛细根无严重脱水。

9. 列植灌木高度、冠幅一致。

想一想

灌木定位放线需要注意哪些事项？

十、灌木种植需要准备哪些工具和材料？

要进行灌木种植，需要准备以下工具和材料：（1）施工图纸；（2）工具：铁锹、铲子、锄头、手推车等；（3）机械：推土机、运输车、吊车等；（4）合适的蒲包、草绳、塑料布等包装材料；（5）个人防护用品：劳保鞋、护膝、手套、眼罩、耳罩或耳塞、口罩等。

活动

活动一：栽植前准备

表 6-2-1　栽植前准备流程

施工环节	施工内容	施工示例	注意事项
现场调查	应调查施工现场的地上与地下情况，向有关部门了解地上物的处理要求及地下管线的分布情况，以免施工时发生事故		上岗作业前，必须接受安全教育和安全培训，时刻树立安全意识。在熟知本岗位业务的同时，熟练掌握必要的安全知识和技能

（续表）

施工环节	施工内容	施工示例	注意事项
场地清理	对于有碍施工的设施和废弃建筑物，应进行拆除和迁移，并予以妥善处理；对于不需要保留的树木，应连根除掉；对于建筑工程遗留下的灰槽、灰渣、砂石、砖瓦及建筑垃圾等，应全部清除；对于缺土的地方，应换入肥沃的土壤，以利于植物生长		上岗作业时，必须佩戴个人安全防护用品，包括防护工作服、防护鞋、护膝、防尘口罩、护目镜等
地形整理	对于有地形要求的地段，应按设计图纸规定的范围和高程进行整理；对于其余地段，应在清除杂草后进行整平，但要注意排水畅通		上岗作业时，要保持身体和精神状态良好，精力集中，不带病和疲劳作业
灌木选择	根据设计要求和招标文件精神，选择符合设计要求规格的灌木。要求根系发达，生长苗壮，无严重病虫害，灌丛匀称，枝条分布合理		严格按照设计要求和质量标准选择苗木

活动二：定点放线

表 6-2-2　定点放线流程

施工环节	施工内容	施工示例	注意事项
图纸准备	核对图纸，了解地形、地貌和障碍物等情况		熟读施工图纸，理解设计意图

施工环节	施工内容	施工示例	注意事项
工具准备	准备好图纸、锄头、铲子、皮卷尺、木桩、线绳、石灰等		做好个人防护，注意施工安全
定点放线	根据图纸进行灌木的定点放线		要选择好定点放线的依据，确定好基准点或基准线、特征线，保证种植点放线准确。如果图案面积较小，可按图纸直接用卷尺定位放样

活动三：挖掘

表 6-2-3　挖掘流程

施工环节	施工内容	施工示例	注意事项
标记	按栽植计划选择并标记选中的苗木		在主干较高处的南面用油漆标出记号或树号
拢冠	用草绳将较粗的枝条绑在树干上，以捆住树冠		对于分枝点较低、枝条长而柔软的苗木或丛径较大的灌木，必须拢冠
掘苗	首先，沿苗行方向在距苗行 10—20 cm 处挖沟，在沟壁下侧挖出斜槽；其次，根据根系要求的深度切断苗根；最后，在第二行与第一行之间插入铁锹，切断侧根，再把苗木推在沟中，即可起苗		起苗前，要调整好土壤的干湿情况。土壤过于干旱时，应灌水浸地；积水过湿时，应提前排水

活动四：栽植

表 6-2-4　栽植流程

施工环节	施工内容	施工示例	注意事项
散苗	将树苗散放于定植穴或定植坑内		散苗时，要爱护苗木，轻拿轻放，不损伤树根、树皮、枝干和土球等
栽植	首先，一人将树苗放入坑中并扶直，另一人用坑边表土填入坑中。填入一半时，将树苗轻轻提起，使根颈部与地表相平，使其自然向下呈舒展状态。其次，用脚踏实或夯实，继续填土，直到比坑边稍高一些时，再用力踏实或夯实一次。最后，用土在坑的外缘围水堰		严格按设计施工。新栽植后的 24 小时内浇第一遍水，水量不宜过大，但应浇透，之后转入后期养护

活动五：养护管理

表 6-2-5　养护管理流程

施工环节	施工内容	施工示例	注意事项
养护管理	栽植后，应及时浇定植水，且要浇透；浇水后，应检查是否有歪斜的苗木，如有应及时培土压紧，然后进行必要的修剪		三分种，七分管，养护管理应及时跟上

活动六：场地清理

表 6-2-6　场地清理流程

施工环节	施工内容	施工示例	注意事项
场地清理	对施工现场进行清理，维持施工场地干净、整洁		做到安全文明施工

 总结评价

参照世界技能大赛园艺项目评价办法，本项目评价分为客观分评价和主观分评价两类。其中，主观分和客观分各占 50 分，共计 100 分（见表 6-2-7 和表 6-2-8）。

想—想

为什么要进行安全教育？

想—想

作为项目负责人，应该如何安排人员进行栽植前的准备工作？

想—想

在定位放线时，如何保证石灰轮廓线优美、流畅？

表 6-2-7 主观分评价表

序号	评价项目	评分标准	分值	得分
1	施工场地整洁情况	应做到：工具和材料摆放合理，工完、料尽、场地清，一切井然有序	10 分	
2	施工工艺及施工工序	应做到：完全按照规范要求进行操作，施工工艺合理，施工工序正确，全程井然有序、技术得当	10 分	
3	工具设备、材料及防护用具的使用	应做到：熟练、正确地使用工具设备和防护用具，且能根据材料的特性，做到准确、合理地使用	10 分	
4	苗木质量	应做到：苗木品种、规格符合设计要求，植株健康饱满，无病虫害	10 分	
5	整体种植效果	应做到：整体种植效果较好，全园内无露土区域，且形成非常良好的观赏面效果	10	
合计			50 分	

表 6-2-8 客观分评价表

序号	评价项目	评分标准	规定或标准值	结果或实际值	分值	得分
1	灌木种植是否按照图纸完成	完成得满分，未完成 0 分	完成	10 分		
2	植物种植是否按照图纸标注品种正确种植	每发现一处错误扣 1 分，扣完为止	符合图纸中标注的要求	10 分		

（续表）

序号	评价项目	评分标准	规定或标准值	结果或实际值	分值	得分
3	灌木定位	随机抽取两个点，每点 10 分。误差小于等于 10 mm，得满分；误差大于 10mm 且小于等于 30 mm，得 5 分；误差大于 30 mm，不得分	$X=6.460$, $Y=4.540$; $X=6.730$, $Y=1.110$; $X=5.900$, $Y=0.400$		20 分	
4	灌木种植情况	要求灌木密植，以冠幅靠拢为宜，留出植物生长空间，要求不露土。若灌木不靠拢密植，每发现一处扣 1 分，扣完为止	符合苗木统计表中的密度要求或者不露土密植		10 分	
合计					50 分	

拓展学习

一、新优庭院植物材料

随着生活水平和欣赏品位的不断提高，具有绚丽多彩的花色、叶色和层出不穷的、季相变化的新植物成为现代环境绿化建设中的新宠。新优庭院植物大致分为以下几种。

1. 大叶醉鱼草新优品种：大叶醉鱼草。

2. 月季新优品种：绝代佳人系列、地毯系列、眼睛系列、姬月季、"翻译家"等。

3. 矮灌木型的星花玉兰及其杂交品种：除了"玫红"星花玉兰、"皇家之星"星花玉兰、"睡莲"星花玉兰等品种外，还有其与紫玉兰等其他玉兰杂交培育出的"苏珊"玉兰、"贝蒂"玉兰、"简·普兰特"玉兰等。

4. 鸢尾新优品种：糖果鸢尾系列。

5. 美人蕉新优品种："卡诺娃"系列。

6. 茶花新优品种：束花茶花品种。

想一想

提高灌木栽植成活率的关键措施有哪些？如何才能保证灌木种植效果优良？

二、夏季花灌木种植应如何提高成活率？

1. 种植苗木的选择

（1）尽量选用小苗，小苗比大苗的发根力强，移栽成活率更高。

（2）最好选用假植的苗木，因为假植时间短的苗木，根的活动比较旺盛；如无假植的苗木，则应选择近2年移栽过的苗木，因为这样的苗木须根多，土球不易破碎，吸水能力强，苗木的成活率较高。

2. 种植土壤处理

种植土壤要保证足够的厚度，土质肥沃疏松，透气性和排水性较好。

3. 起苗与运输

（1）起苗时，应加大土球规格。比如：土球直径一般为正常季节移栽的1.2—1.5倍；避开高温干燥的天气，安排在早晨或下午4点以后；起苗前，可对树冠喷抗蒸腾剂。

（2）可选择盆栽苗，移栽时直接去掉花盆即可。

（3）灌木的运输要合乎规范，比如：装车前，应先用草绳、麻布或草包将土球、树干、树枝包好，并进行喷水，保持草绳、草包的湿润，这样可以减少在运输途中苗木自身水分的蒸腾量；灌木运输时，须直立装车，夏季应尽量避免长途运输。

（4）花灌木运至施工现场后，应及时组织人力、机械卸车。当日不能种植时，应进行假植或喷水保持土球湿润，并及时用遮阳网覆盖土球，避免太阳直射。裸根苗木自起苗开始暴露时间不宜超过8小时，必须当天种完。

4. 苗木修剪

夏季花灌木种植前，应加大修剪量，剪掉植物本身二分之一至三分之二数量的枝条，以减少叶面呼吸和蒸腾作用。

5. 种植后的养护管理

浇水次数、间隔天数要根据实际情况来决定。若种植后连续下雨，则可减少浇水量和次数，反之则需要加大灌溉量。浇水时间最好在早晚，浇水后要及时培土。

想一想

在生活中，你见过哪些花灌木新优品种？

思考与练习

一、思考题

1. 灌木种植施工过程中，有哪些步骤可能对施工技术人员产生安全隐患？如何避免安全事故的发生？

2. 如何在保证安全和质量的前提下, 提升灌木种植的美化效果?

3. 庭院中的灌木种植完成后, 还要进行哪些养护管理措施, 才能保证灌木存活率?

二、技能训练题

根据给定的庭院灌木种植图纸(见图 6-2-10), 完成灌木种植施工。

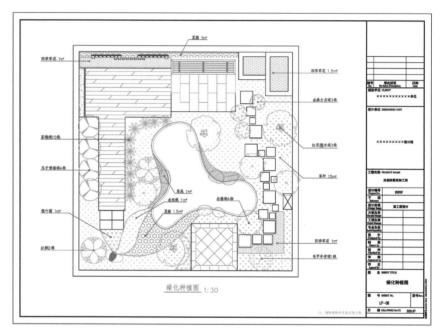

图 6-2-10　庭院灌木种植图

任务 3　花坛、花境与草坪种植施工

学习目标

1. 能根据图纸以及植物和绿化种植规范,进一步设计与配置花坛、花境与草坪植物,完成花坛、花境与草坪种植施工。
2. 能按照施工工艺规范要求进行去除植物包装物、分蘖、栽植、养护等操作。
3. 能按照草坪建植技术规范要求进行草坪施工和养护操作。
4. 在施工过程中,能合理考虑环境因素,确保工作场地的整洁和人员、植物等的安全,并能对废弃物进行正确分类处理。
5. 在施工过程中,养成良好的职业道德和创新意识以及精益求精的工匠精神。

情景任务

在任务 2 中,已经完成了灌木种植的施工。接下来要按照绿化种植图,完成本项目中花坛、花境与草坪的种植施工。施工完成后,记得进行复测复验和场地清理。

思路与方法

进行花坛、花境与草坪种植施工前,需要了解花坛、花境的概念与特点以及花坛、花境植物材料的选择原则,明确花坛、花境植物及草坪的种植要求等;然后,根据相应的国家和地方绿化工程施工技术规范和操作规程,严格按照设计图纸和设计说明进行施工。

说一说

花坛、花境、花海、花箱、花车之间的异同点。

一、什么是花坛?

花坛是指在具有几何形轮廓的植床内种植各种不同色彩的花卉,

想一想

常见的花坛类型有哪些？

运用花卉的群体效果来体现纹样或观赏盛花时绚丽景观的一种花卉应用形式。它以突出鲜艳的色彩或精美华丽的纹样来体现其装饰效果。根据花坛表现主题内容的不同，可分为花丛花坛（盛花花坛）、模纹花坛、标题花坛、装饰物花坛、立体造型花坛、混合花坛和造景花坛等。

图 6-3-1　立体造型花坛

图 6-3-2　花境

二、花坛有什么特点？

想一想

如何控制花坛的种植密度？

1. 花坛通常具有几何形的栽植床，因此属于规则式种植设计，多用于规则式园林构图中。

2. 花坛主要表现花卉群体组成的纹样或华丽的色彩，并不表现花卉个体的形态美。

3. 花坛多以时令性花卉为主体材料，因而需要随季节更换，保证最佳的景观效果。气候温暖地区也可用终年具有观赏价值且生长缓慢、耐修剪、可以组成美丽纹样的多年生花卉及木本花卉组成花坛。

三、花坛对植物材料有哪些要求？

不同类型的花坛对植物材料的选择略有不同。一般而言，盛花花坛宜选用一年生、二年生花卉以及开花繁茂的宿根花卉和球根花卉来布置。具体要求如下：花卉株丛紧密、整齐；开花繁茂，花色鲜明艳丽；花序呈平面开展，开花时见花不见叶，高矮一致；花期长而一致。如一年生、二年生花卉中的三色堇、雏菊、百日草、万寿菊、金盏菊、孔雀草、鸡冠花、一串红、矮牵牛等。

模纹花坛和立体花坛需要长时间维持纹样的清晰和稳定，因此，宜选择生长缓慢的多年生植物（草本、木本均可），且以植株低矮、分枝密、发枝强、耐修剪、枝叶细小为宜，高度最好低于 10 cm。

想一想

花坛色彩设计应该注意哪些方面？

四、什么是花境？

花境是指模拟自然界林地边缘地带多种野生花卉交错生长的状态，经过艺术设计，将以多年生花卉为主的植物通过平面上斑块混交、立面上高低错落的方式种植于带状的园林地段而形成的花卉景观。花境是园林中从规则式构图向自然式构图过渡的一种半自然式的带状种植形式，以表现植物个体所特有的自然美和它们之间自然组合的群落美为主题。

想一想

常见的花境类型有哪些？

五、花境有什么特点？

1. 花境的种植床呈带状，种植床两边的边缘线是连续不断的平行的直线或有几何轨迹可循的曲线，是沿长轴方向演进的动态连续构图，这正是其与自然花丛和带状花坛的不同之处。

2. 花境种植床的边缘可以有边缘石也可以没有，但通常要求有低矮的镶边植物。

3. 单面观赏的花境需要有背景，其背景可以是围墙、绿篱、树墙、栅栏等，背景植物通常呈规则式种植。

4. 花境内部的植物配置是自然式的斑块混交，立面上高低错落有致。其基本构成单位是花丛，每一片花丛内同种花卉的植株集中栽植，不同种的花丛成块状混交。

5. 花境内部的植物配置有季相变化，每季均至少有3—4种花卉作为主基调开放，形成鲜明的季相景观。

6. 花境以多年生花卉为主，一次栽植，多年观赏，养护管理较为简单。

想一想

如何控制花境的种植密度？

花台、花钵分别是什么形式？有什么不同点？

六、花境对植物材料有哪些要求？

花境植物一般以宿根花卉为主，可适当配以少量的花灌木、球根花卉或一年生、二年生花卉。虽然花境中各种花卉的配置比较粗放，不要求花期一致，对植株高矮要求不严，色彩也可不同，但不仅要考虑到同一季节中各种花卉的色彩、姿态、体型及数量的协调和对比，整体构图必须严整，还要注意一年中的四季变化，使一年四季都有花开。

七、花坛、花境的植物种植有哪些要求？

1. 花卉种植应按照设计图定位放线，在地面上准确画出位置、轮廓线等。花卉种植面积较大时，可用方格网法，按比例放大到地面上。

2. 花卉种植应符合下列规定：（1）花苗的品种、规格、种植放样、种植密度、种植图案均应符合设计要求；（2）花卉种植土及表层土整理应符合相关国家和地方规范要求；（3）株行距应均匀，高低搭配应恰当；（4）种植深度应适当，根部土壤应压实，花苗不得沾泥污；（5）花苗应覆盖地面，成活率应不低于95%。

3. 花卉种植的顺序应符合下列规定：（1）大型花坛宜分区、分规格、分块种植；（2）独立花坛应由中心向外种植；（3）模纹花坛应先种植图案的轮廓线，后种植内部填充部分；（4）坡式花坛应由上向下种植；（5）高矮不同品种的花苗混植时，应按先高后矮的顺序种植；（6）宿根花卉与一年生、二年生花卉混植时，应先种植宿根花卉，后种植一年生、二年生花卉。

4. 花境种植应符合下列规定：（1）单面花境应从后部种植高大的植株，依次向前种植低矮植物；（2）双面花境应从中心位置开始依次种植；（3）混合花境应先种植大型植株，定好骨架后再依次种植宿根、球根及一年生、二年生花卉；（4）设计无要求时，各种花卉应成团成丛种植，各丛团间花色、花期搭配合理；（5）花卉种植后，应及时浇水，并保持植株茎叶清洁。

花境的设计原则和要求是什么？花坛植物种植与花境植物种植的验收标准有哪些不同点？

八、花坛、花境植物种植的工艺流程是什么？

花坛、花境植物种植的工艺流程为：识读图纸—制订计划—工具、用具及材料准备—种植土壤准备—平整场地—土壤改良—花坛排版放线—种植—浇水—工完清场。具体工艺流程可以根据实际情况进行调整，实行少量交叉施工。

九、草皮铺设的工艺流程是什么？

草皮铺设的工艺流程为：施工准备（人员、图纸、工具、材料）—坪床的清理—土壤改良—翻耕—坪床的平整—草皮铺植—碾压—浇水—完工清场。具体工艺流程可以根据实际情况进行调整，实行少量交叉施工。

想一想

草皮铺设有哪些注意事项？

活动一：花坛植物种植

表 6-3-1　花坛植物种植流程

施工环节	施工内容	施工示例	注意事项
制订计划	根据图纸，进一步熟悉绿化种植图并制订栽植计划，这样不仅能避免植物的浪费，还能让种植更快完成		注意明确花坛植物种植的位置、种类、数量
工具、用具及材料准备	准备激光红外水平仪、铁锹、钉耙、小铲子、小锄头、水桶、洒水壶、美工刀、剪刀、修枝剪、绿篱剪、手推车、定位桩、护膝、手套、扫帚、簸箕、植物材料（四季草花）、白灰、沙子等		如果植物材料已经进入场地一段时间，就应注意浇水养护，防止不必要的损失
种植土壤准备	用富含大量有机质的腐殖土进行土壤改良，且花坛内泥土土层面低于花坛口 4 cm 左右		注意根据图纸正确选择四季草花
平整场地	整理并除去场地中残存的植物根系和石块等杂质		整地时，要求地势呈龟背形或坡形
土壤改良	将营养土均匀地撒在花坛里，通过不断翻土，将营养土拌进土里，注意翻土的深度至少为 30 cm		营养土的施用应均匀适量。翻土时，土块要敲碎，土地要整平

（续表）

施工环节	施工内容	施工示例	注意事项
花坛排版放线	在准备好土壤的花坛中，试着摆放一下植物，看看整体效果		注意一定要预先排版
种植	先将植物从容器中取出或除去营养袋，再将植物栽种于土壤中。考虑到植物后续的生长，因此栽种时注意留好植物的行间距		种植时，尽量不要将植物原土球弄散，以防伤根；要严格按设计图案（图纸）种植草花，以防品种及色彩混淆
浇水	草花种植后，应及时浇水		注意保持植物清洁
场地清理	花坛种植完成后，必须对场地进行清理，维持施工场地干净、整洁，做到安全、文明施工		注意干湿垃圾的分类处理

活动二：花境植物种植

表6-3-2　花境植物种植流程

施工环节	施工内容	施工示例	注意事项
识读图纸	识读园林绿化施工图纸，并理解具体的设计意图	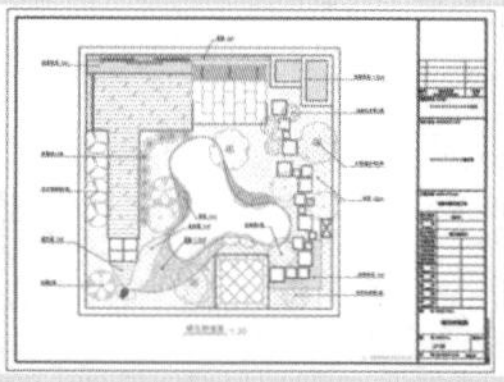	注意明确花境植物种植的位置、种类、数量
制订计划	根据图纸，进一步熟悉绿化种植图并制订种植计划，这样不仅能避免植物的浪费，还能让种植更快完成		注意应坚持从内向外分片种植

（续表）

施工环节	施工内容	施工示例	注意事项
工具、用具及材料准备	准备激光红外水平仪、铁锹、钉耙、小铲子、小锄头、水桶、洒水壶、美工刀、剪刀、修枝剪、绿篱剪、手推车、定位桩、护膝、手套、扫帚、簸箕、植物材料（四季草花）、白灰、沙子等		注意根据图纸正确选择工具、用具等
平整场地	整理并除去场地中残存的植物根系和石块等杂质		场地杂物要清理干净并作基础标高处理
土壤改良	将营养土均匀地撒在花境里，通过不断翻土，将营养土拌进土里，注意翻土的深度至少为 30 cm		翻土时，土块要敲碎
地形整理	土方精细整理，根据方案高低关系，可适当做微地形		做到标高符合设计要求，地形坡度顺滑
预先排版	按照设计图纸，将植物摆放到位，观察效果是否符合预期。如果不符合，再作出适当调整，以达到最佳观赏效果		应充分考虑植物与植物之间的高矮、颜色、质地等搭配
植物种植	将植物从容器中取出，修剪掉枯枝、枯叶。注意将植物从中心向两边种植，一般中心位置的植物稍高些		种植深度以将新土覆盖原土球 2—3 cm 为宜，要求种植完成后无裸露的根部，覆土平整
浇水	种植完成后要第一时间浇定根水，一次性浇透		要慢慢地浇水，不能过急

（续表）

施工环节	施工内容	施工示例	注意事项
场地清理	花境种植完成后，要及时清理多余的材料、剥出的花盆、垃圾等，保持场地干净整洁		注意干湿垃圾的分类处理

活动三：草坪铺设

表 6-3-3　草坪铺设流程

施工环节	施工内容	施工示例	注意事项
识读图纸	识读园林绿化施工图纸，并理解具体的设计意图		注意明确草皮铺设的位置、数量
制订计划	根据图纸，进一步熟悉绿化种植图并制订铺设计划，这样不仅能避免植物的浪费，还能让铺设更快完成		要充分去考虑草坪铺设的顺序，尽量减少草皮块切割
工具、用具及材料准备	准备激光红外水平仪、铁锹、钉耙、小铲子、小锄头、水桶、洒水壶、美工刀、剪刀、修枝剪、绿篱剪、手推车、定位桩、护膝、手套、扫帚、簸箕、草皮块、白灰、沙子等		可以用木板作为垫板，以便万一需要踩草皮时当作垫脚用
平整场地	整理并除去场地中残存的植物根系和石块等杂质		场地清理后要平整并压实，使地形顺滑，这样才有利于后面的铺设施工
土壤改良	将营养土均匀地撒在草坪里，通过不断翻土，将营养土拌进土里，注意翻土的深度至少为 30 cm		翻土时，土块要敲碎

（续表）

施工环节	施工内容	施工示例	注意事项
草皮铺设	铺设时，应沿着道路的边缘开始放置草皮，由内向外逐步铺植，先铺整片草皮部分，再铺边缘不规则的部分，草皮之间要交叉错缝铺设		注意不留间隙
边缘处理	用锋利的刀或剪刀来修整草皮卷的边缘		注意美工刀等工具的使用安全
铺设后处理	铺设完成后，应浇透水并碾压，确保草皮与土壤紧密接触，并碾压平整。如遇土壤不平，应先填缝补土，然后整平		应用满铺法铺设草皮块，做到草皮块之间不留缝隙
浇水	种植完成后，要第一时间浇定根水，一次性浇透		应慢慢地浇水，不能过急
场地清理	草皮铺设完成后，必须对场地进行清理，维持施工场地干净、整洁，做到安全、文明施工		注意垃圾分类，散碎的草皮块也应回收利用

总结评价

参照世界技能大赛园艺项目评价办法，本任务评价分为主观分评价和客观分评价两类。其中，主观分和客观分各占 50 分，共计 100 分（见表 6-3-4 和表 6-3-5）。

想—想

花坛、花境植物种植及草皮铺设时有哪些安全注意事项？

表 6-3-4　主观分评价表

序号	评价项目	评分标准	分值	得分
1	植物布局	应做到：不仅要考虑到每个组团间，还要考虑到整个花园不同植物组团间的形状、层次、布局和对比，并营造出最佳的美感	10	

（续表）

序号	评价项目	评分标准	分值	得分
2	施工场地清洁情况	应做到：工具和材料摆放合理，工完、料尽、场地清，一切井然有序	5	
3	土壤平整表面	应做到：土壤表面平整且顺滑，看起来赏心悦目	5	
4	草皮	应做到：土壤紧实且均匀，符合要求的水平度，且草坪表面平整	10	
5	种植工艺	应做到：符合行业标准，植物受损部分被去除，植物具有美感	10	
6	整体种植效果	应做到：整体种植效果较好，全园内无露土区域，且形成非常良好的观赏面效果	10	
		合计	50分	

提示

铺设草皮时，要避免接缝在一条线上，记得一定要错缝铺设。

表 6-3-5　客观分评价表

序号	评价项目	评分标准	规定或标准值	结果或实际值	分值	得分
1	微地形标高	随机抽取两个点，每点 5 分。误差小于等于 10mm，得满分；误差大于 10mm 且小于等于 20mm，得 2.5 分；误差大于 20mm，不得分	误差范围内		10	
2	提供的植物全部被使用	每少用五株扣 2 分，扣完为止	是		10	
3	按图施工，植物使用正确	每错误使用一处扣 2 分，扣完为止	是		10	

想一想

失分的原因出在哪个环节？要如何改进？

（续表）

序号	评价项目	评分标准	规定或标准值	结果或实际值	分值	得分
4	草皮是否错缝铺设	草皮块应全部错缝铺设，检查出一处未错缝扣1分，扣完为止	是		10	
5	植物全部从容器中取出或除去育苗钵	每少取出一株扣1分，扣完为止	是		10	
合计					50分	

拓展学习

容器花境

　　容器花境是指将观赏植物种在容器里的种植模式，又被称为"移动花境"。按其功能，可分为食用容器花境、观赏容器花境或两者兼而有之。适合容器种植的植物种类很多，包括花卉、药材、仙人掌、蔬菜甚至小灌木等。容器花境的特点是可以灵活摆放，比如，在不适合露地栽植的区域，可以设计一组或多组具有整体感的组合盆栽，种植多年生草本植物，做成充满生活气息的移动花境，尤其适用布置临时性景观及私家花园。

想一想

在生活中，你见过哪些花境的形式？请用草图或照片的形式进行分享。

图6-3-3　容器花境

 思考与练习

一、思考题

1. 比较平面花坛、模纹花坛、立体花坛在种植时有什么异同点。

2. 查阅并观看花坛植物种植视频、花境植物种植视频与草坪铺设施工视频，比较一下你与视频中技术人员进行花坛、花境与草坪铺设施工的步骤有哪些异同之处。

二、技能训练题

结合本任务的学习和练习，设计一个庭院花境，并绘制平面图或效果图。

任务 4　立体绿化景墙施工

1. 能理解立体绿化景墙图纸的设计意图，并能根据需求进行材料准备、搬运、切割、安装和保养等。
2. 能安全、合理、节约地使用立体绿化景墙的施工工具和材料，并能按照立体绿化景墙工程的施工流程进行施工。
3. 能对所提供的立体绿化景墙植物进行深化配置和设计。
4. 能根据设计意图复核绿墙的定位、高度、长度、宽度、外观等，以满足结构要求和外观观赏要求。
5. 在施工工程中，能严格遵循园林工程施工安全操作规范，确保安全工作场地的整洁，并能对绿化景墙施工废弃物进行正确分类处理。
6. 在施工工程中，养成一丝不苟、精益求精的工匠精神。

情景任务

在任务 3 中，已经完成了花坛、花境与草坪种植的施工。接下来要按照所给庭院总平面图和立体绿化景墙详图中的要求完成立体绿化景墙施工。施工完成后，记得进行复测复验和场地清理。

思路与方法

进行立体绿化景墙施工前，需要了解立体绿化景墙的工艺类型，根据其技术特点采取相应的方法进行施工。

想一想

如果在已有建筑或围墙的外立面新增外墙垂直绿化，那么需要考虑哪些因素？

一、什么是立体绿化景墙？

立体绿化景墙也称为垂直绿化，是利用植物材料沿建筑物立面或其他构筑物表面攀附、固定、垂吊形成垂直面的绿化方式，可以营造一种局部的自然生态氛围。立体绿化景墙泛指攀缘植物或其他植物装饰建筑垂直面或各种围墙的一种垂直绿化形式，以达到美化和维护生态的目的。

二、本立体绿化景墙任务在庭院中的哪个位置？

1. 在总平面图中找到立体绿化景墙的位置。从图 6-4-1 中可以看出，立体绿化景墙在庭院的北侧，具体在图中红虚线范围内。

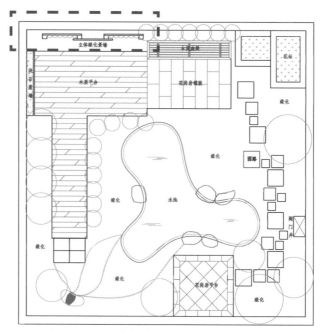

图 6-4-1　立体绿化景墙在总平面图中的位置

2. 确定立体绿化景墙的定位。如图 6-4-2 所示，立体绿化景墙的定位点为 X=0.400，Y=6.900。

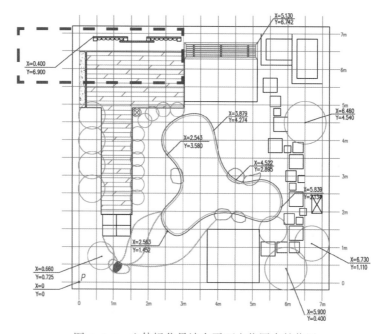

图 6-4-2　立体绿化景墙在平面定位图中的位置

三、如何识读本立体绿化景墙任务的尺寸规格？

通过竖向标高图、立体绿化景墙平面图和立面图（图纸编号分别为 LP-05、LP-12），如图 6-4-3 和 6-4-4 所示，可知立体绿化景墙的详细尺寸、材料、工艺等。

想一想

时间久了，立体绿化景墙的底面基础会被腐蚀吗？应该如何防护？

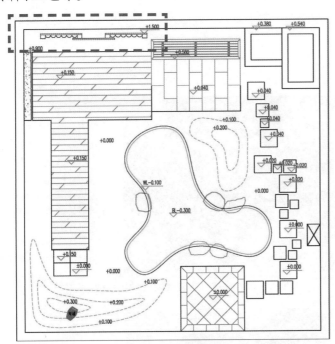

图 6-4-3　立体绿化景墙在竖向标高图中的位置

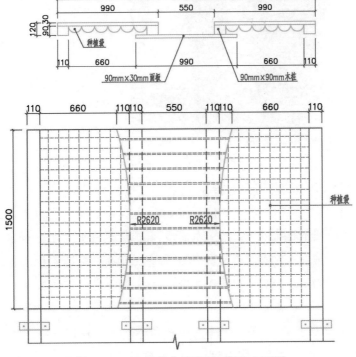

图 6-4-4　立体绿化景墙平面图和立面图

想一想

除了布袋式墙面绿化外，垂直绿化中还有哪些常见的工艺类型？

四、立体绿化景墙采用的是哪一种工艺类型？

本庭院的立体绿化景墙采用的工艺类型是布袋式墙面绿化。布袋式墙面绿化是在铺贴式墙面绿化系统的基础上发展起来的一种更为简易的工艺系统。它由直接铺设在防水墙面的软性生长载体以及内含植物和生长介质的布袋组成，包括防水层、植物生长布袋、灌溉系统和植物等。

图 6-4-5　布袋式墙面绿化系统

图 6-4-6　立体绿化景墙

五、立体绿化景墙的施工要求有哪些？

1. 垂直绿化可根据需要设置自动灌溉系统，并设置排水沟或排水管。构建的绿化墙体支撑系统和灌溉系统既要符合国家、行业及地方相关标准的要求，又要进行过程测试和完工测试，保证系统正常运行。

2. 构建绿墙应全部采用容器苗，特别是在非种植季节进行立体绿化景墙施工时，更应如此。

3. 墙面攀爬或墙面贴植采用种植箱种植时，种植土的深度以35—55 cm为宜。塑料种植箱应有蓄水盘，木质种植箱应围铺过滤布。采用种植槽的,应在槽底预留排水孔(孔径为 2—3 cm),排水孔应铺设过滤布。

4. 垂直绿化种植后的植物应对枝条进行梳理和固定。

想一想

立体绿化景墙施工中会有哪些安全隐患?

安全提示

安全无小事,施工过程中一定要注意安全。

表 6-4-1　立体绿化景墙施工流程

施工环节	施工内容	施工示例	注意事项
识读图纸	识读园林绿化施工图纸,明确图纸要求和设计意图		图纸识读应完整、仔细,并关注和计算立体绿化景墙与其他相邻景物之间的距离等
工具、用具与材料的准备	准备钢卷尺、水平尺、直角尺、拉杆式木工斜切锯、手持木工切割机、角磨机、码钉枪、手持无线充电钻、铅笔、线团、定位桩等工具;准备手套、防护眼镜、隔音耳塞、防尘口罩、护膝等防护用具;准备防腐木面板、防腐木立柱、自攻螺丝、种植袋、出水槽(不锈钢板压制焊接而成)、潜水泵、不锈钢气钉等材料		复核材料的尺寸,考虑材料误差
立柱与立体绿化景墙底面基础制作	防腐木装饰的固定与切割。本项目选用 90 mm×90 mm 的防腐木作为立柱材料,选用 90 mm×30 mm 的防腐木面板作为立体绿化景墙底面基础材料		材料选择要符合规范和设计要求,符合强度要求,具有耐腐蚀性能

（续表）

施工环节	施工内容	施工示例	注意事项
立体绿化景墙安装	立柱基础施工和立柱安装。立柱下面要有垫层（砖）且下埋深度不小于30 cm		基础标高应提前计算
种植袋安装	采用不锈钢枪钉将种植袋固定于立体绿化景墙底面基础上		注意枪钉的规范使用和施工安全
立体绿化景墙植物设计与选择	立体绿化景墙可选用的植物以常绿植物为主，以观叶植物为主，兼顾观花效果		注意考虑植物的生长习性和养护特点
种植绿化植物	从容器中取出植物，将植物种植在袋子中并压实		注意种植土一定要压实
工完场清	工程完工后，要及时整理和清洁场地		注意干湿垃圾的分类处理

总结评价

想一想

弧形切割有什么技巧？

参照世界技能大赛园艺项目评价办法，本任务评价分为主观分评价和客观分评价两类。其中，主观分和客观分各占 50 分，共计 100 分（见表 6-4-2 和表 6-4-3）。

表 6-4-2　主观分评价表

序号	评价项目	评分标准	分值	得分
1	面板的缝隙均匀	要做到：所有面板之间的缝隙都均匀一致	10	
2	木作的整体表现	要做到：整体完成且看起来非常美观	10	
3	木作所有切割部分均打磨过	要做到：超过 85% 的切割面完成打磨	10	
4	种植工艺	要做到：符合行业标准，植物受损部分被去除，植物具有美感	10	
5	工具设备、材料及防护用具的使用	要做到：熟练、正确地使用工具设备和防护用具，且能根据材料的特性，准确、合理地使用	10	
合计			50分	

想—想

失分的原因出在哪个环节？要如何改进？

表 6-4-3　客观分评价表

序号	评价项目	评分标准	规定或标准值	结果或实际值	分值	得分
1	景墙标高复核	随机抽取五个点，对景墙完成面标高进行测量，每点 2 分。误差小于等于 2 mm，得满分；误差大于 2 mm 且小于等于 4 mm，得 1 分；误差大于 4 mm，不得分	+ 1.500 mm		10	
2	景墙尺寸复核	随机抽取五个点，对景墙完成面尺寸进行测量，每点 2 分。误差大于等于 2 mm，得满分；误差大于 2 mm 且小于等于 4 mm，得 1 分；误差大于 4 mm，不得分	长为 2530 mm，宽为 120 mm		10	

比一比

查阅并观看立体绿化景墙施工相关视频，比较一下你与视频中技术人员进行立体绿化施工的步骤有哪些异同之处。

序号	评价项目	评分标准	规定或标准值	结果或实际值	分值	得分
3	立柱基础是否有垫层	对景墙立柱进行检查，有一处无垫层扣5分，扣完为止	按图施工		10	
4	植物全部从容器中取出或除去育苗钵	植物全部从容器中取出后再种植，有一处未取出扣1分，扣完为止	全部从容器中取出后再种植		10	
5	景墙水平度复核	随机抽取两个点，对景墙完成面水平度进行测量，每点2.5分。超出水平框不得分	气泡居中		5	
6	景墙垂直度复核	随机抽取两个点，对景墙完成面垂直度进行测量，每点2.5分。超出容许框不得分	气泡居中		5	
合计					50分	

拓展学习

目前，常用的垂直绿化系统技术有保湿毯技术、模块技术、组盆技术、布袋技术、框架牵引技术等。

一、保湿毯技术

保湿毯技术主要是利用毡布将植物进行贴植，它以金属框架为支撑，用 PVC 板固定造型兼作防水阻根之用，还要将吸水毡布固定在其上，把植物种植在毡布上。这种种植方式的核心在于将植物的根茎固定于吸水毡布上，用营养液替代自然土壤向植物提供水分、氧气、养分等。

灌溉方式：自上而下渗水方式。特点：绿化墙重量轻、厚度薄。

保湿毯技术所需的"硬件设施"十分简单，但是"软件设施"却并不容易，技术人员需要掌握丰富的植物学知识。

图 6-4-7　保湿毯技术样例

二、模块技术

模块技术是指利用模块化构件种植植物，实现墙面绿化的方法。将方形、菱形、圆形等几何单体构件通过合理搭接或绑缚固定在不锈钢或木质骨架上，形成各种景观效果。模块式墙面绿化可以按模块中的植物和植物图案预先栽培养护数月后再进行安装，寿命较长，适用于大面积高难度的墙面绿化。

灌溉特点：模块系统垂直绿化需要在不同层次上进行灌溉，在重力作用下，水、营养物质和肥料可以在介质中渗透。

模块技术相比水培技术，墙体更厚、更重，但其可选择的植物范围较广泛。需要注意的是，模块系统中的植物要提前种植。

图 6-4-8　模块预培

试一试

请自行设计一个垂直绿化景墙，并将平面图、立面图、剖面图和效果图进行分享。

图 6-4-9 模块安装

图 6-4-10 模块技术案例效果

三、组盆技术

组盆技术是指将习性相近、观赏特性不同的植物组合在一个容器内种植的栽植方式。

灌溉特点：仅需一根水管就能让水由上自下流过整个墙面，所以组盆技术具有高效的灌溉能力，很多大型的垂直绿化均采用此技术。

试一试

垂直绿化、立体绿化、屋顶绿化、阳台绿化等新型绿化方式，不仅增加了城市绿化面积，还使园林绿化更加深入人们的生活，使人们的幸福感大大提升。请你对身边的新型绿化方式进行调查，并拍照和制作成 PPT 后进行分享。

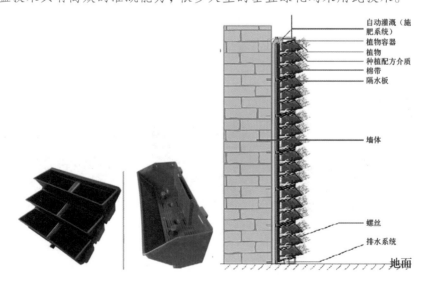

图 6-4-11 组盆技术样例

四、布袋技术

布袋技术是在保湿毯技术的基础上发展起来的一种改进型工艺系统。这一工艺是在做好防水处理的墙面上直接铺设软性植物生长载体，然后在这些载体上安装填有植物及植物生长基材的布袋，植物在每个独立的种植单元里生长。

灌溉特点：仅需一根水管让水由上而下流过整个墙面，渗水层蓄水后给每个布袋供水即可。

它的优点是：（1）自由更换造型和图案；（2）植物搭配变化多样；（3）提升绿化墙的施工效率；（4）更易于植物根系生长；（5）水系统安装简便；（6）灌溉能力极高，灌溉非常均匀。

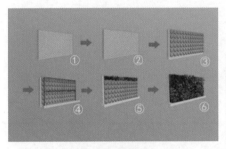

布袋技术（铺贴式）　　　　布袋技术（装订式）

图 6-4-12　布袋技术样例

五、框架牵引技术

框架牵引技术是指采用攀爬类植物，使其在墙面上垂直生长，不提供植物所需的水分和养分，属于自然垂直绿化系统。这种系统所用的成本较低，但花费的时间特别长。

这些植物既可以生长在地面，也可生长在花槽中，但它们根部极强的吸附力会破坏墙体表面。多数攀爬类植物到了冬天叶片会脱落，这样会使整个垂直绿化墙看起来死气沉沉。

图 6-4-13　框架牵引技术样例

试一试

根据自行设计的垂直绿化景墙平面图、立面图、剖面图和效果图，和队员一起制作这个垂直绿化景墙。

表 6-4-4　几种常见的垂直绿化系统技术的优缺点比较一览表

序号	垂直绿化技术方式	种类	养护频率	植物选择	施工难度	室内	室外	图形变换	能否即时绿化	养护成本
1	保湿毯技术	人工	高	中等	高	可以	可以	多	能	很高
2	模块技术	人工	中等	广泛	中等	可以	可以	中等	能	高
3	组盆技术	人工	低	广泛	中等	可以	可以	中等	能	中等
4	布袋技术（铺贴式）	人工	中等	广泛	中等	可以	可以	中等	能	中等
5	布袋技术（装订式）	人工	中等	广泛	高	可以	可以	多	能	低
6	框架牵引技术（线缆）	自然	低	局限性	低	可能有	可以	少	不能	中等
7	框架牵引技术（线网）	自然	低	局限性	低	不可以	可以	少	不能	中等
8	框架牵引技术（网架）	自然	低	局限性	低	不可以	可以	少	不能	中等

思考与练习

一、思考题

1. 如何给立体绿化景墙植物浇水？

2. 设计与选择立体绿化景墙植物时需要遵循什么原则？

二、技能训练题

请自行设计一处立体绿化景墙，面积控制在 2 m² 以内，绘出设计施工图并完成施工。

试一试

组队调查身边的垂直绿化景墙所用的植物，并对植物进行分类拍照，制作成 PPT 后进行分享。

附录 1 《园艺》职业能力结构

模块	任务	职业能力	主要知识
1. 园林设计解读与施工组织	1. 园林施工图识读	1. 能按正确的步骤进行图纸识读； 2. 能正确理解施工图的构成及其主要内容； 3. 能识读不同类型的施工图； 4. 能正确识读施工图中不同的符号； 5. 在识图过程中，逐步养成一定的形象思维和严谨求实的工作态度	1. 施工图的分类标准； 2. 园林制图识图标准基本知识； 3. 风景园林图例、图示规范基本知识
	2. 园林硬质施工材料验收	1. 能正确识别木材、金属材料、水泥、花岗岩等硬质施工材料； 2. 能根据图纸要求验收木材、金属材料、水泥、花岗岩等硬质施工材料； 3. 能正确识别园林给排水、照明工程等施工材料； 4. 能根据图纸要求验收园林给排水、照明工程等施工材料； 5. 在验收过程中，逐步养成一丝不苟、严谨细致的职业素养	1. 园林硬质景观材料性能基础知识； 2. 园林硬质景观材料识别基础知识； 3. 园林硬质景观应用基础知识
	3. 园林种植施工材料验收	1. 能正确识别乔木、灌木、藤本、花卉等园林绿化材料； 2. 能根据图纸要求对乔木、灌木、藤本、花卉等园林绿化材料进行验收； 3. 能对照绿化施工图纸，正确识读苗木统计表； 4. 能根据相关规范要求，对园林绿化材料进行质量把控； 5. 在验收过程中，逐步培养一丝不苟、严谨细致的职业素养	1. 园林树木基础知识； 2. 园林花卉基础知识； 3. 园林土壤肥料基础知识
	4. 园林工程施工组织	1. 能根据施工图纸和施工内容，进行施工材料、机械、工具、施工人员等方面的准备； 2. 能做好安全防护工作，正确穿戴个人防护用品； 3. 能在施工开始前对所需的园林机具进行正确选用； 4. 能对常见的园林机具进行日常维护； 5. 在施工准备过程，能关注人身和环境的防护以及安全隐患的排除	1. 园林机具使用和维护基础知识； 2. 安全施工基础知识

模块	任务	职业能力	主要知识
2. 定位放线及地形施工	1. 施工现场定位放样	1. 能按照设计图纸所绘的施工尺寸进行定位放样； 2. 能根据需求对设计图纸中各部分内容进行理解和分析； 3. 能根据定位放样的实施流程准确实施定位放样； 4. 能遵守园林工程施工操作规范，进行工作场地的整理和清洁； 5. 在施工过程中，培养认真负责的工作态度和注重安全、环保的职业素养	1. 定位放样基础知识； 2. 定位放样操作流程； 3. 定位放样操作要点和注意事项
	2. 土方与地形工程施工	1. 能理解图纸中的地形设计意图，并根据现状进行合理的土方与地形工程施工安排； 2. 能安全、合理地使用合适的工具进行土方与地形工程施工； 3. 能根据图纸及土方与地形施工工艺流程进行土方与地形工程施工； 4. 能正确处理土方、地形与地上景观之间的关系，并进行预埋处理； 5. 在施工过程中，能严格遵守园林工程施工安全操作规范，注意自身安全防护，并确保工作场地的整洁	1. 土壤、基质、改良剂等基础知识； 2. 地线设计基础知识； 3. 坡度、排水等基础知识； 4. 土方与地形工程施工基础知识和要求
3. 园林硬质景观工程施工	1. 园路铺设工程施工	1. 能根据设计图纸和园路铺设工程需求准备、搬运、切割、铺设和保养材料； 2. 能根据园路铺设内容对工具和材料进行安全、合理的选用； 3. 能按照园路铺设工程施工流程进行施工； 4. 能根据设计意图复核园路铺设工程的定位、长度、宽度、高度、水平度、平整度、外观等； 5. 在施工过程中，能严格遵守园林工程施工安全操作规范，注意自身安全防护，并确保工作场地的整洁	1. 透水砖、花岗岩、小料石、鹅卵石、黄木纹、碎拼、嵌草铺装、花街铺地等铺地景观施工工艺流程； 2. 人字铺、工字铺、步步高、田字铺、斜铺等铺地图案施工工艺流程
	2. 花坛砌体工程施工	1. 能理解花坛砌体工程施工图纸的设计意图和尺寸要求； 2. 能根据设计图纸和花坛砌体工程需求正确准备水泥砂浆等材料； 3. 能规范进行砌筑材料的准备、搬运等操作，并按照砌筑工程施工流程进行施工； 4. 砌筑完成后，能根据设计意图和图纸尺寸复核砌体的定位、长度、宽度、高度、外观等，以满足结构性能要求和外观观赏要求，并能安全、合理、节约地使用砌筑工具和材料； 5. 在施工过程中，能严格遵守园林工程施工安全操作规范，注意自身安全防护，养成一丝不苟、精益求精的工匠精神	1. 景墙、景门、漏窗、花坛、花池、花台、树台等非承重砌筑工程布置特点； 2. 景墙、景门、漏窗、花坛、花池、花台、树台等非承重砌筑工程施工工艺流程及要求

模块	任务	职业能力	主要知识
3. 园林硬质景观工程施工	3. 景墙工程施工	1. 能正确理解景墙工程施工图纸的设计意图和尺寸要求，并根据需求进行改进或深化设计； 2. 能根据设计图纸进行景墙施工工具和材料的准备、搬运、切割、堆砌、安装及保养等； 3. 能按照景墙工程施工工艺流程进行施工； 4. 能根据设计意图和尺寸测量、复核和计算景墙的定位、长度、宽度、高度、外观等，以满足业主需求； 5. 在施工过程中，能严格遵循园林工程施工安全操作规范，确保安全工作场地的整洁，养成一丝不苟、精益求精的工匠精神	1. 各式景墙、挡墙等材料知识； 2. 景墙结构设计要点； 3. 各式景墙、挡墙施工工艺流程及要求
4. 园林小品工程施工	1. 木质平台施工	1. 能理解木质平台施工图纸的尺寸要求和设计意图，按照图纸要求进行定位放样； 2. 能掌握木质材料的角切、方形切、斜切及其他切割料件的工艺，并按照图纸规定，使用合适的标记工具在材料上进行标记，方便切割并正确、合理地使用工具进行材料加工； 3. 能进行木质材料的准备、搬运等，并按照木质工程施工工艺要求和施工流程以及技术规范进行施工； 4. 施工完成后，能根据设计意图复核园林木作的定位、长度、宽度、高度、外观等，以满足结构要求和外观观赏要求； 5. 在施工过程中，能严格遵守木材加工安全操作规范，注意自身安全防护，并确保工作场地的整洁	1. 防腐木、塑木、原木等加工知识； 2. 防腐木、塑木、原木等施工工艺流程及要求； 3. 木质平台验收规范
	2. 园凳施工	1. 能理解园凳施工图纸的尺寸要求和设计意图，按照图纸要求进行定位放样； 2. 能掌握木质材料的切割工艺，并按照图纸规定，使用合适的工具进行标记及材料加工； 3. 能进行园凳施工材料的准备、搬运等，并按照木质工程施工工艺要求和施工流程以及技术规范进行施工； 4. 施工完成后，能根据设计图纸、结构要求和外观要求对园凳的定位、长度、宽度、高度、外观等进行复核； 5. 在施工过程中，能严格遵守工具使用安全操作规范，注意自身安全防护，并确保工作场地的整洁，培养一丝不苟、精益求精的工匠精神	1. 园林景观小品基础知识； 2. 园桌、园椅、园凳等施工工艺流程及要求； 3. 园林小品验收规范

（续表）

模块	任务	职业能力	主要知识
5.园林水景工程与安装施工	1.园林水景工程施工	1.能正确识读水景施工平面图，并按照平面图的尺寸进行定位放样； 2.能按照水景制作（安装）工程施工工艺要求和技术规范进行施工，并按照要求进行复核验收； 3.能以可持续的方式处理各种残留废料，尽可能地循环使用； 4.在施工过程中，能严格遵守园林工程施工安全操作规范，注意自身安全防护，并确保工作场地的整洁	1.水景分类基础知识； 2.水景防渗材料简介及要求； 3.水池、旱溪等施工工艺流程及要求； 4.水景验收规范
	2.园林电气安装施工	1.能根据图纸需求进行照明、声音、动力等线路的排线和连接； 2.能根据图纸和规范进行园灯、水泵等园林电气设备的安装； 3.能以可持续的方式进行各种残废料的处理，尽可能地做到循环利用； 4.在施工过程中，能严格遵守园林工程施工安全操作规范，注意自身安全防护，并确保工作场地的整洁和安全	1.园林用电基础知识； 2.安全用电基础知识； 3.园灯、水泵等电器设备安装施工工艺流程及要求； 4.园林用电安装验收规范
6.园林植物景观工程施工	1.乔木种植施工	1.能理解绿化种植图中乔木的施工要求，正确选择所需的乔木，并能按乔木施工工艺规范要求进行乔木包装物去除、修剪、栽种、养护等操作； 2.能根据设计图纸确定乔木的种植位置，按照绿化施工技术规范和流程进行乔木施工； 3.乔木种植完成后，能根据设计意图复核乔木的种植位置，同时能安全、合理、节约地使用工具和材料； 4.在施工过程中，能严格遵守园林植物景观工程施工安全操作规范，确保工作场地的整洁，养成严谨细致的工作作风，培养一丝不苟、精益求精的工匠精神	1.园林树木基础知识； 2.乔木进场验收规范知识； 3.乔木的挖掘、运输、栽种、养护工艺基础知识； 4.乔木种植验收规范基础知识
	2.灌木种植施工	1.能充分理解灌木种植的设计意图及施工要求； 2.能根据设计要求正确选择灌木； 3.能按照灌木施工工艺规范要求种植灌木； 4.能正确进行灌木栽后管理，并保持施工现场的文明和安全； 5.在施工过程中，养成严谨细致、一丝不苟、精益求精的工匠精神	1.园林树木基础知识； 2.灌木、球类、色带小苗等进场验收规范知识； 3.灌木、球类、色带小苗等栽植养护工艺基础知识； 4.种植验收规范基础知识

模块	任务	职业能力	主要知识
6. 园林植物景观工程施工	3. 花坛、花境与草坪种植施工	1. 能根据图纸以及植物和绿化种植规范，进一步设计与配置花坛、花境与草坪植物，完成花坛、花境与草坪种植施工； 2. 能按照施工工艺规范要求进行去除植物包装物、分蘖、栽植、养护等操作； 3. 能按照草坪建植技术规范要求进行草坪施工和养护操作； 4. 在施工过程中，能合理考虑环境因素，确保工作场地的整洁和人员、植物等的安全，并能对废弃物进行正确分类处理； 5. 在施工过程中，养成良好的职业道德和创新意识以及精益求精的工匠精神	1. 园林植物基础知识； 2. 花坛、花境种植施工流程和要点； 3. 花坛、花境养护基础知识； 4. 水生植物栽植养护基础知识； 5. 草坪建植养护知识； 6. 花坛、花境所用植物进场和花坛、花境种植验收规范基础知识
	4. 立体绿化景墙施工	1. 能理解立体绿化景墙图纸的设计意图，并能根据需求进行材料准备、搬运、切割、安装和保养等； 2. 能安全、合理、节约地使用立体绿化景墙的施工工具和材料，并能按照立体绿化景墙工程的施工流程进行施工； 3. 能对所提供的立体绿化景墙植物进行深化配置和设计； 4. 能根据设计意图复核绿墙的定位、高度、长度、宽度、外观等，以满足结构要求和外观观赏要求； 5. 在施工过程中，能严格遵循园林工程施工安全操作规范，确保安全工作场地的整洁，并能对绿化景墙施工废弃物进行正确分类处理； 6. 在施工过程中，养成一丝不苟、精益求精的工匠精神	1. 园林植物基础知识； 2. 绿墙施工基础知识； 3. 绿墙种植养护基础知识； 4. 码钉枪、滴灌设备使用和维护知识； 5. 绿墙和垂直绿化验收基础知识

附录 2　某庭院景观施工图

园艺项目

某庭院景观施工图

×××××××××设计院

××××××

二〇二一年七月

图纸目录

序号	图纸编号	图纸名称	图纸尺寸	备注
1	LP-00	施工说明	A4	
2	LP-01	总平面图	A3	
3	LP-02	平面索引图	A3	
4	LP-03	尺寸标注图	A3	
5	LP-04	平面定位图	A3	
6	LP-05	竖向标高图	A3	
7	LP-06	绿化种植图	A3	
8	LP-07	水电平面图	A3	
9	LP-08	花坛、汀步、花岗岩铺装详图	A4	
10	LP-09	花岗岩平台、块石景墙详图	A4	
11	LP-10	台阶、水景、木质座凳详图	A4	
12	LP-11	木质平台详图	A4	
13	LP-12	立体绿化景墙详图	A4	
14	LP-13	苗木统计表	A3	
15	LP-14	材料汇总表	A3	

施工说明

1. 本图纸中标注尺寸单位均为毫米（mm），标高单位为米（m）。

2. 图纸中场地基础均为沙土基；铺装基础垫层铺设时须进行素土夯实，且至少压实三遍。

3. 硬地铺装及园路在施工过程中应严格按照施工工艺要求，注意与相邻道路、铺装地的衔接。要求平整美观，硬质景观表面不得显显凹凸现象。

4. 定位放线以设计图中的坐标、尺寸、网格为依据；如遇位置、标高与现场不符须进行调整，应征得设计人员认可。

5. 石材铺装宽除了注明外均为密缝铺贴（接缝在0.8mm和1mm之间）。

6. 园建铺装须支撑在实土上，在施工时要对基层进行碾压夯实。

7. 绿地地形根据竖向控制要求整理；一般未特殊设计之地形，坡度在2.5%和3.0%之间以利排水。

8. 绿化种植按施工平面图所标尺寸定点放线，图中未标明尺寸的种植按图比例依实定点放线。要求定点放线准确，符合设计要求。

9. 草坪为满铺，需平整紧实，草坪连接处需物合紧密，铺装连接处需整齐严密；植物挖坑种植、修建需符合相关规范。

10. 草坪灯具安装时注意断开线路供电，不得带电施工；灯具及电缆安装需符合规范操作。

11. 水景给排水管安装采用冷接的方式。

12. 灯具及预埋基础，预埋电缆等材料现场提供成品或预制件，无须现场制作加工，只要摆放和连接即可。

13. 图中未尽事宜均以现行国家标准图集为准。

园艺景观施工图

施工图设计

施工说明

设计阶段 DESIGN STAGE 施工图设计

工程名称 PROJECT NAME 某庭院景观施工工程

设计编号 Project No. 202107

图 号 SHEET No. LP-00

日 期 DRAWING DATE 2021.07

设计单位 DESIGNING UNIT ××××××××设计院

建设单位 CLIENT ××××××××单位

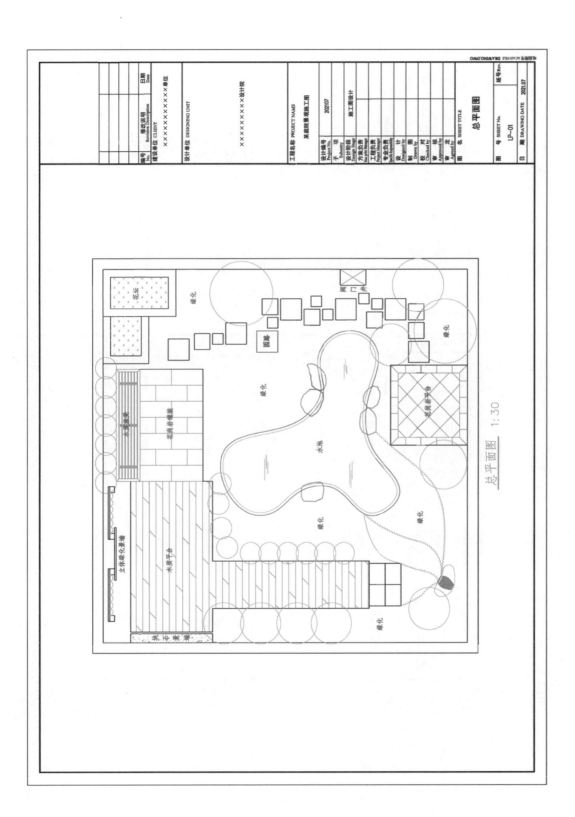

总平面图　1:30

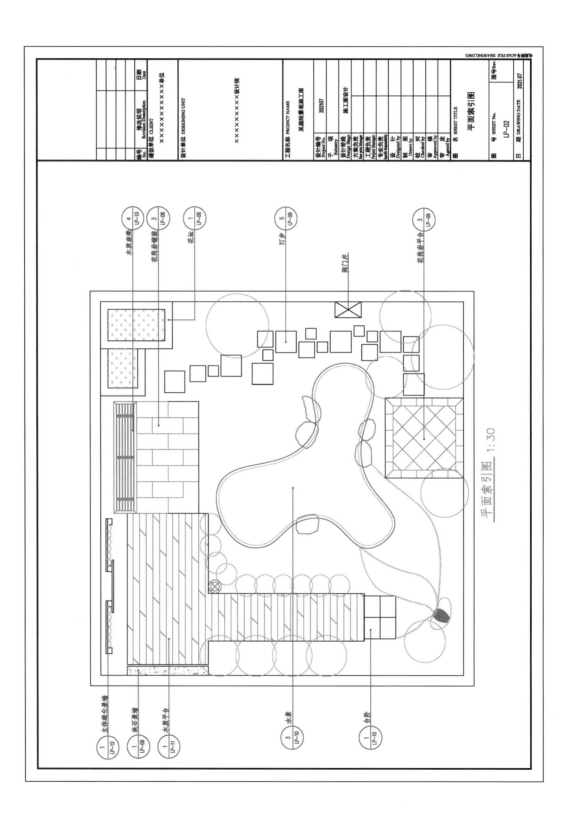

平面索引图 1:30

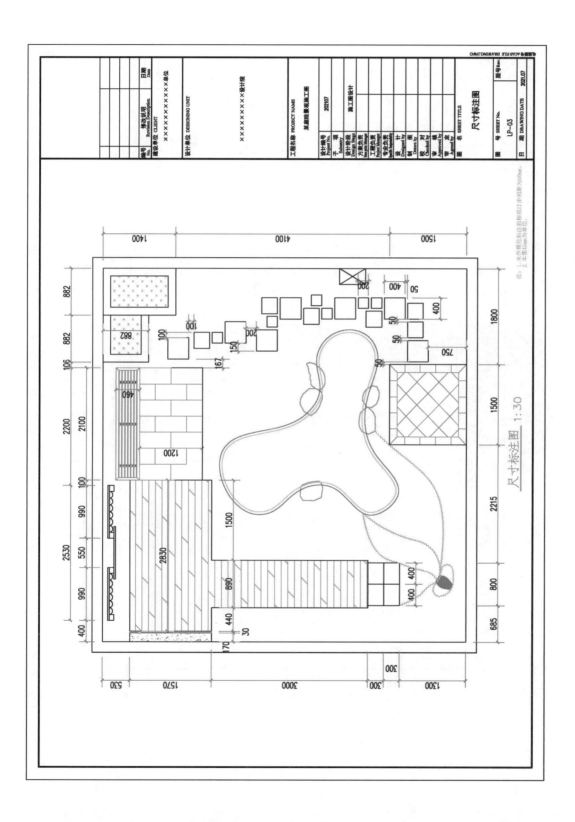

尺寸标注图 1：30

225

园艺

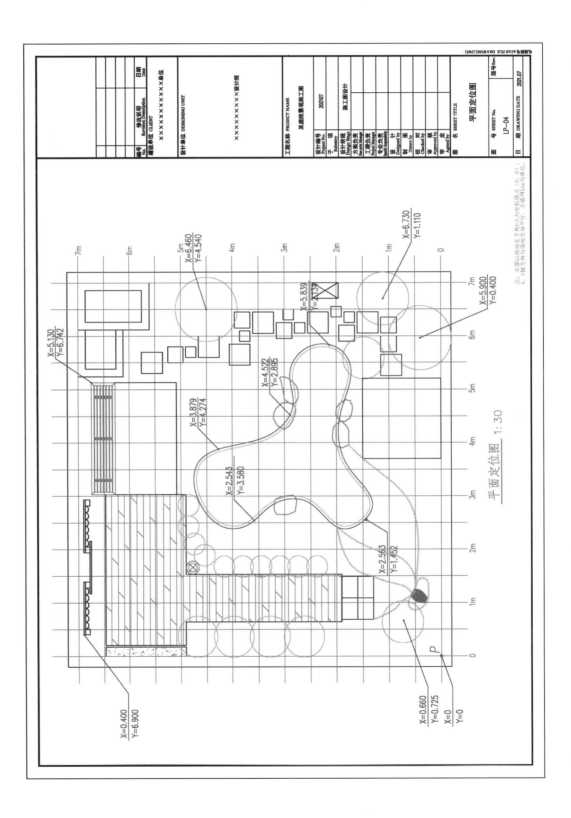

平面定位图 1:30

226

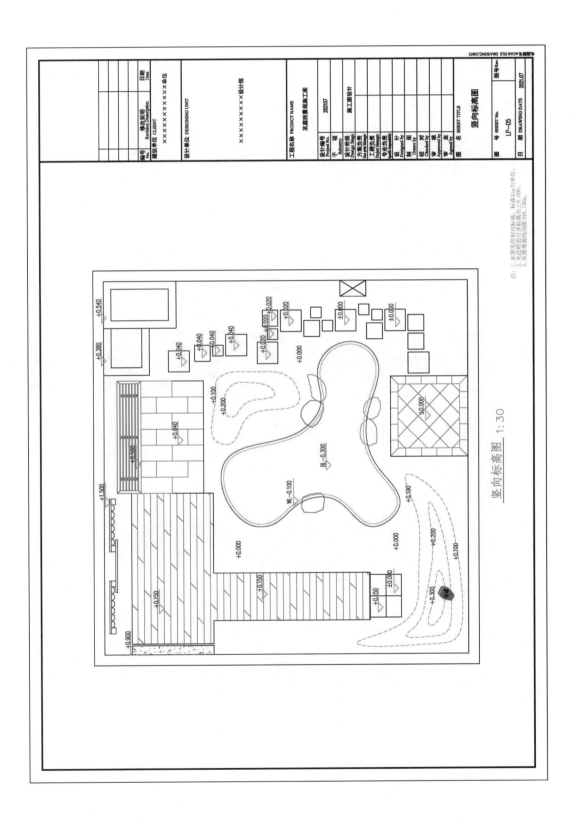

竖向标高图 1:30

园艺

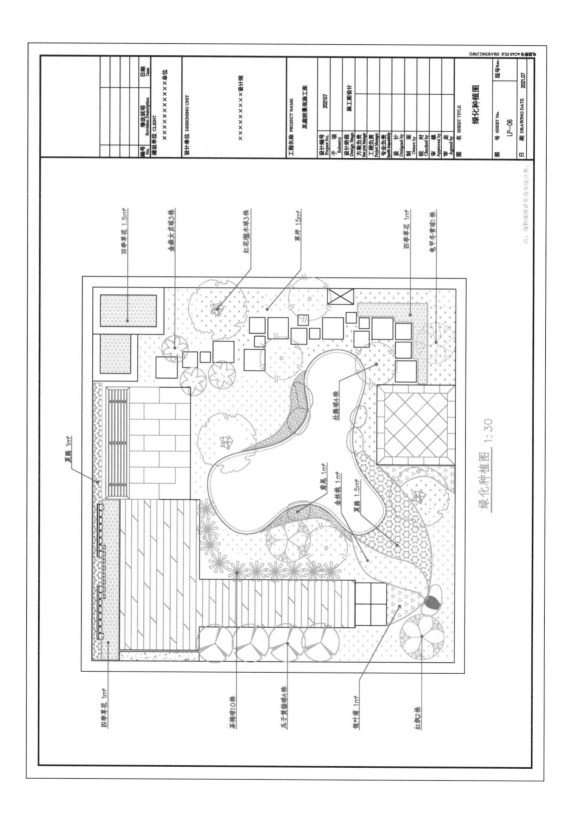

绿化种植图 1:30

228

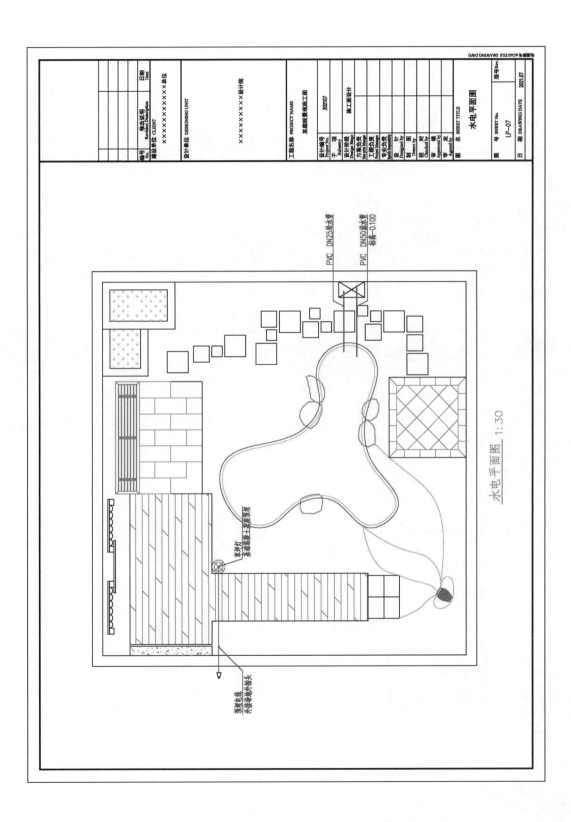

水电平面图　1∶30

園艺

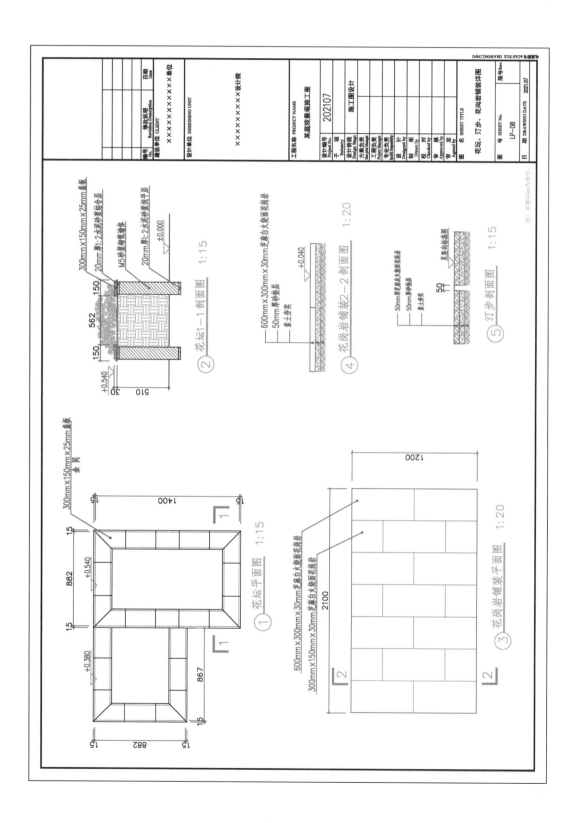

230

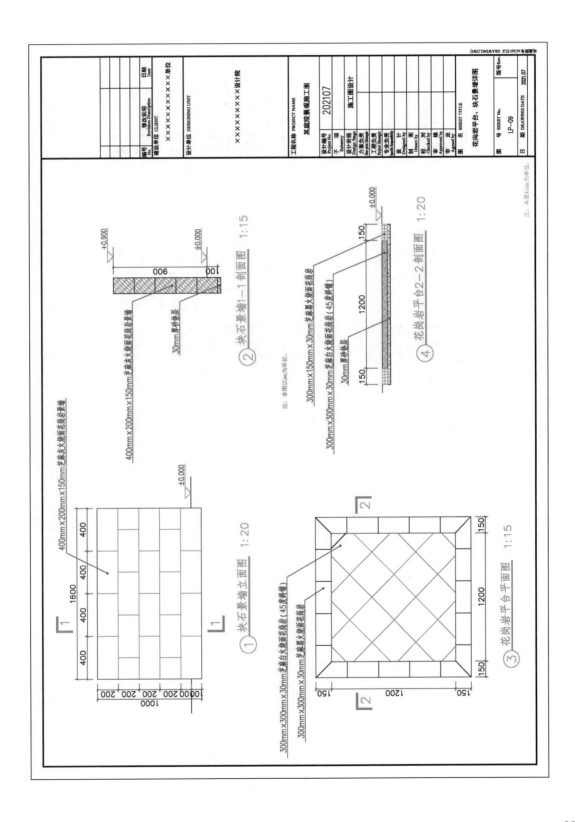

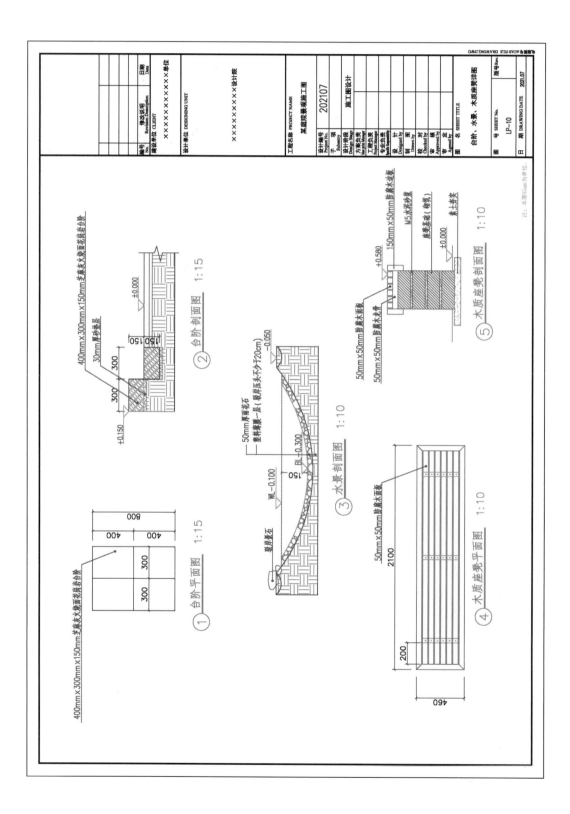

台阶、水景、木质座凳详图

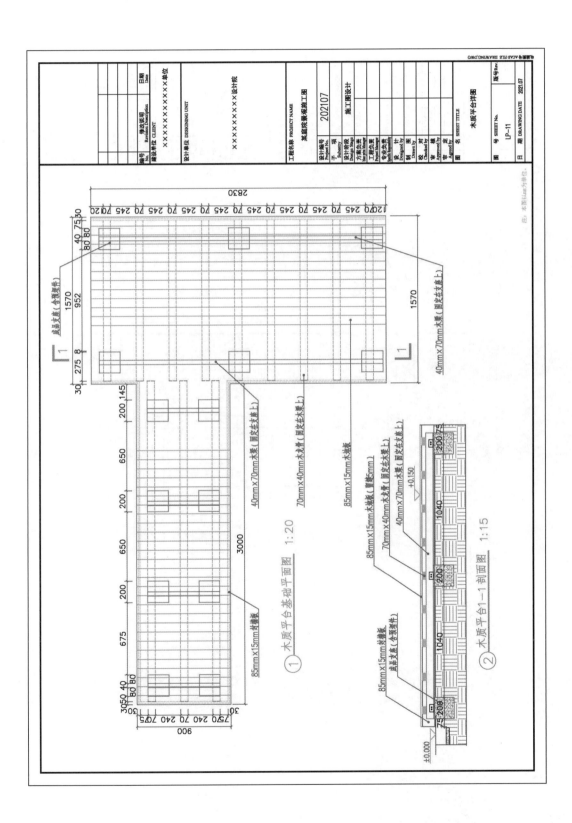

園艺

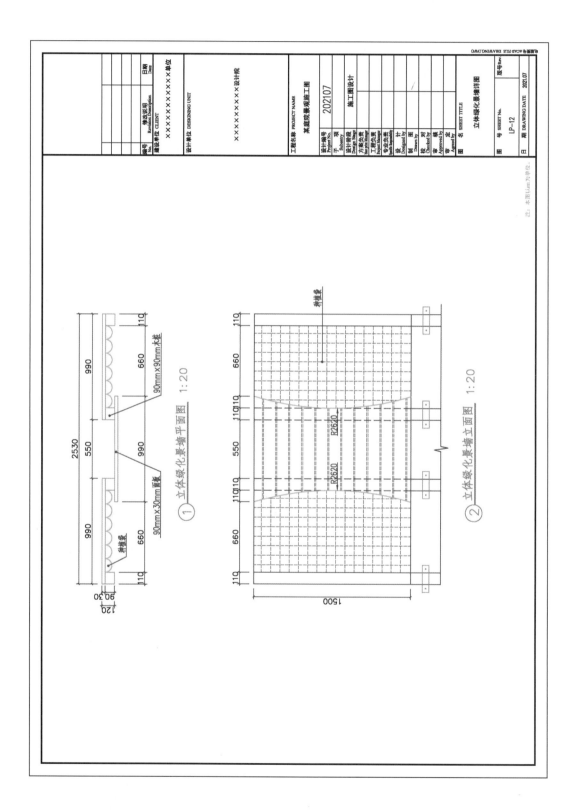

234

苗木统计表

序号	图例	品种	规格				密度 株/平方米	数量	备注
			高度（cm）	蓬径（cm）	胸径（cm）	地径（cm）			
1		红花檵木球	120	100				3株	球形饱满
2		红枫	150	120		5-6		2株	姿态佳、多级分叉
3		龟甲冬青球	60	60				1株	球形饱满
4		壮腊球	50	50				4株	球形饱满
5		瓜子黄杨球	60	30				4株	球形饱满
6		茶梅球	60	35				10株	球形饱满
7		金森女贞球	60	50				3株	
8		缓叶葡	20	15			36	1㎡	
9		金丝桃	20	15			36	1㎡	
10		夏鹃	20	15			36	2.5㎡	
11		四季草花	10					3.5㎡	满铺
12		鸢尾	25	20			36	1㎡	
13		草坪						15㎡	

电源路径 ACAD FILE DRAWING.DWG

设计单位 DESIGNING UNIT　×××××××单位

×××××××设计院

工程名称 PROJECT NAME　某庭院景观施工工程

设计编号 Project No.　202107
子项 Subentry

设计阶段 Design Stage　施工图设计

方案负责 Baojan Manager
工程负责 Project Manager
专业负责 Specify Inspobility
设计 Designed by
制图 Drawn by
校对 Checked by
审核 Approved by
审定 Agreed by

图名 SHEET TITLE　苗木统计表

图号 SHEET No.　LP-13
版号 Rev.
日期 DRAWING DATE　2021.07

编号 No.　修改说明 Revision Description　日期 Date
建设单位 CLIENT

材料汇总表

序号	材料品种	规格及型号	计量单位	备注
1	芝麻白火烧面花岗岩			
2	芝麻黑火烧面花岗岩			
3	芝麻灰花岗岩			
4	水泥砂浆			
5	M5水泥砂浆			
6	砂浆砌砖			
7	雨花石			
8	防腐木面板			
9	防腐木龙骨			
10	成品支座（含预埋件）			
11	塑料薄膜			
12	PVC DN25给水管			
13	PVC DN50溢水管			

电脑图档 ACAD FILE DRAWING.DWG

编号 No.	修改说明 Revision Description	日期 Date
	建设单位 CLIENT ×××××××××单位	

设计单位 DESIGNING UNIT ×××××××设计院

工程名称 PROJECT NAME 某庭院景观施工图

设计编号 Project No.	202107
子 项 Subentry	
设计阶段 Design Stage	施工图设计
方案负责 Item in charge	
工程负责 Project Manager	
专业负责 Specific Responsibility	
设 计 Designed by	
制 图 Drawn by	
校 核 Checked by	
审 核 Approved by	
审 定 Agreed by	

图 名 SHEET TITLE 材料汇总表

| 图 号 SHEET No. | LP-14 | 版号 Rev. |
| 日 期 DRAWING DATE | 2021.07 | |

编写说明

　　《园艺》世界技能大赛项目转化教材是上海市城市建设工程学校（上海市园林学校）联合本市相关职业院校、行业专家，按照上海市教育委员会教学研究室世赛项目转化教材研究团队提出的总体编写理念、教材结构设计要求，共同完成编写。本教材可作为职业院校园林技术、园林工程技术、园林绿化等相关专业的拓展和补充教材，建议完成主要专业课程的教学后，在专业综合实训或顶岗实践教学中使用，也可作为相关技能职业培训教材。

　　本教材由上海市城市建设工程学校（上海市园林学校）李双全和上海市园林工程有限公司褚伟良主编，上海市城市建设工程学校（上海市园林学校）马波、谢圣韻、刘铁柱、周琪琦以及上海农林职业技术学院沈丰、上海济光职业技术学院钱庆、上海瑠苏绿化工程有限公司许娟娟参加编写。教材具体编写分工如下：李双全编写转化路径、模块二（任务2）、模块三（任务2）、模块四（任务2）、模块五（任务2）、附录1，马波编写模块一（任务4）、模块二（任务1），谢圣韻编写模块一（任务1、任务3）、附录2，刘铁柱编写模块一（任务2），周琪琦编写模块六（任务2）；沈丰编写模块三（任务1）、模块四（任务1）、模块五（任务1），钱庆编写模块六（任务1、任务3、任务4），许娟娟编写项目简介、各模块简介、模块三（任务3）。全书由李双全和褚伟良负责撰写编写提纲、设计教材内容、统稿和定稿。

　　在编写过程中，得到上海市教育委员会教学研究室谭移民老师的悉心指导，世界技能大赛园艺项目上海专家组专家潘建萍、教练组刘秀云等多位专家和世界技能大赛中国（上海）集训基地上海市城市建设工程学校（上海市园林学校）领导曹枫、林明晖、程群、姜文琪等的鼎力支持，上海维启信息科技有限公司张佳超、曹东贤、沙克俭等老师提供了技术支持，在此一并表示衷心感谢。

　　本书在编写过程中参考、引用了历届世赛全国选拔赛的技术文件以及有关部门、单位和个人的文献著作和资料，在此一并致谢。

　　由于编者水平有限，书中疏漏之处在所难免，恳请广大师生、读者和专家批评指正。

图书在版编目（CIP）数据

园艺 / 李双全，褚伟良主编. — 上海：上海教育出版社，2022.8
ISBN 978-7-5720-1649-3

Ⅰ.①园… Ⅱ.①李…②褚… Ⅲ.①观赏园艺－中等专业学校－教材 Ⅳ.①S68

中国版本图书馆CIP数据核字(2022)第155173号

责任编辑　袁　玲
书籍设计　王　捷

园艺
李双全　褚伟良　主编

出版发行　上海教育出版社有限公司
官　　网　www.seph.com.cn
地　　址　上海市闵行区号景路159弄C座
邮　　编　201101
印　　刷　上海锦佳印刷有限公司
开　　本　787×1092　1/16　印张 15.5
字　　数　339 千字
版　　次　2022年8月第1版
印　　次　2022年8月第1次印刷
书　　号　ISBN 978-7-5720-1649-3/G·1523
定　　价　49.00 元

如发现质量问题，读者可向本社调换　电话：021-64373213